杰出电工系列丛书

全面图解电子元器件

王学屯 编著

电子工业出版社
Publishing House of Electronics Industry
北京·BEIJING

内 容 简 介

本书为"杰出电工系列丛书"之一，全书共 13 章。本书从实际操作的角度出发，以"打造轻松的学习环境，精练简易的图解方式"为目标。以简练的文字+精美的图片+现场操练的方式将理论和实践有机地结合起来呈现给大家。

本书对常用电子元器件的特点、外形、符号、性能、参数、命名方法、应用及检测技术进行了系统的讲述与分析，内容较为新颖、资料翔实、通俗易懂，具有较强的针对性和实用性。

本书可以作为爱好电子电路的初、中级读者的自学参考书，也可作为农村电工、职业院校或相关技能培训机构的培训教材；同时，也适合学习家电维修的读者阅读。

未经许可，不得以任何方式复制或抄袭本书之部分或全部内容。
版权所有，侵权必究。

图书在版编目（CIP）数据

全面图解电子元器件/王学屯编著. —北京：电子工业出版社，2019.7
（杰出电工系列丛书）
ISBN 978-7-121-36638-3

Ⅰ．①全… Ⅱ．①王… Ⅲ．①电子元器件－图解 Ⅳ．①TN6-64

中国版本图书馆 CIP 数据核字（2019）第 098652 号

策划编辑：李树林
责任编辑：赵　娜　　文字编辑：满美希
印　　刷：北京盛通商印快线网络科技有限公司
装　　订：北京盛通商印快线网络科技有限公司
出版发行：电子工业出版社
　　　　　北京市海淀区万寿路 173 信箱　邮编 100036
开　　本：787×1 092　1/16　印张：15.75　字数：403 千字
版　　次：2019 年 7 月第 1 版
印　　次：2020 年 10 月第 2 次印刷
定　　价：65.00 元

凡所购买电子工业出版社图书有缺损问题，请向购买书店调换。若书店售缺，请与本社发行部联系，联系及邮购电话：（010）88254888，88258888。
质量投诉请发邮件至 zlts@phei.com.cn，盗版侵权举报请发邮件至 dbqq@phei.com.cn。
本书咨询和投稿联系方式：（010）88254463，lisl@phei.com.cn。

FOREWORD 前言

本书为"杰出电工系列丛书"之一,全书共 13 章。电子元器件是组成电子电路的最小单位,也是维修中经常需要检测和更换的对象。本书对常用电子元器件的特点、外形、符号、性能、参数、命名方法、应用及检测技术进行了系统的讲述与分析,内容较为新颖、资料翔实、通俗易懂,具有较强的针对性和实用性。

本书从实际操作的角度出发,以"打造轻松的学习环境,精练简易的图解方式"为目标。以简练的文字+精美的图片+现场操练的方式将理论和实践有机地结合起来呈现给大家。具体地说,本书有以下特点。

(1) 通俗易懂。文字叙述较为简练,且着重于技能方法的操作,并辅以大量实物照片和图表,图文并茂,大大降低了读者的学习难度。强调知识点为"专业技能"服务,以提高初学者的学习兴趣和解决实际问题的能力。

(2) 以大量的图片来代替文字的描述。为了使概念解释及理解通俗化,配有大量精美的图片及实物照片,使之可读性及认知性增强。

(3) 现场操练实情实景。全书共有 24 个现场操练,就像师傅亲身指导一样,步骤详细,可达到举一反三的效果。

本书章节简介见表 1。

表 1 本书章节简介

章 节 名 称	内 容 简 介
第 1 章 电阻的应用、识别与检测	在电子电路中,电阻类元器件的使用量最多,学习元器件可以从电阻元件开始
第 2 章 电容的应用、识别与检测	电容器是最常见的电子器件之一,通常简称为电容。电容是在两个金属导体之间填充绝缘物质,从两个金属导体分别引出两个引线构成的
第 3 章 电感、变压器的应用、识别与检测	当电流流过一段导线时,在导线的周围会产生一定的电磁场。这个电磁场会对处于这个电磁场中的导线产生作用,将这个作用称为电磁感应。为增加电磁感应强度,人们常将绝缘导线绕制成线圈,把这个线圈称为电感器,简称电感
第 4 章 二极管的应用、识别与检测	二极管是常用的半导体器件之一,二极管具有单向导电的特性,具有体积小、耗电小、质量小、寿命长和不怕振动等优点,因此它在电子电路中得到了广泛的应用
第 5 章 三极管的应用、识别与检测	三极管的工作状态有三种:放大、饱和、截止,因此,三极管是放大电路的核心元件——具有电流放大能力,同时又是理想的无触点开关元器件
第 6 章 场效应管的应用、识别与检测	场效应管是场效应晶体管的简称,具有输入电阻高、噪声小、功耗低、安全工作区域宽、受温度影响小等优点,特别适用于要求高灵敏度和低噪声的电路。场效应管和三极管都能实现信号的控制和放大,但由于它们的结构和工作原理截然不同,所以二者的差别很大。三极管是一种电流控制元件,而场效应管是一种电压控制器件,在电路中主要起信号放大、阻抗变换等作用

(续表)

章节名称	内容简介
第7章 晶闸管、IGBT的识别与检测	晶闸管是晶体闸流管的简称，过去常称为可控硅，是一种大功率开关型半导体器件。晶闸管能在高电压、大电流的条件下工作，广泛应用于可控整流、交流调压、无触点电子开关、逆变及变频等电子电路中。 绝缘栅双极晶体管简称IGBT，是一种集BJT的大电流密度和MOSFET等电压激励场控型器件优点于一体的高压、高速大功率器件
第8章 集成电路的应用、识别与检测	集成电路是一种微型电子器件或部件。集成电路是采用一定的工艺，把一个电路中所需的晶体管、电阻、电容和电感等元件及布线互连在一起，制作在一小块或几小块半导体晶片或介质基片上，然后封装在一起，成为具有所需电路功能的器件。集成电路具有体积小、耗电低、稳定性高等优点。集成电路不仅品种繁多，而且新品种层出不穷，要熟悉各种集成电路的内电路几乎是不可能的，实际也没有必要。然而了解常用的集成电路则非常有必要
第9章 开关、插接件、继电器的应用、识别与检测	开关和插接件的作用是断开、接通或转换电路；继电器是自动控制电路中常用的一种器件，它是用较小的电流来控制较大电路的一种自动控制开关，在电路中起着自动操作、自动调节和安全保护的作用
第10章 传感器的应用与识别	传感器就是将一些变化的参量（如温度、磁场、速度等）转换为电信号的器件。常用的传感器除光敏电阻、热敏电阻等普通传感器外，还有温度传感器、霍尔传感器及热释电红外传感器等。 霍尔元件与其他导体元件的特性不同，它的电流、电压性能对磁场特别敏感，在检测磁场方面有独特的作用。热释电红外传感器又称为热释电传感器，是一种被动式调制型温度敏感器
第11章 谐振、振荡元件的应用、识别与检测	石英晶体在电子线路中一般用于稳定振荡频率或作为晶体滤波器用。陶瓷滤波器主要利用陶瓷材料压电效应实现电信号—机械振动—电信号的转化，从而取代部分电子电路中的LC滤波电路，使电路工作更加稳定
第12章 电声器件的应用、识别与检测	电声器件是指能将声音信号转换为音频信号，或者能将音频信号转换为声音信号的器件。电声器件在音频、视频产品中的应用十分广泛，尤其对音频设备来说，电声换能器件是非常重要的组成部分。电声器件主要有扬声器、蜂鸣器、压电陶瓷片及传声器等
第13章 LED的应用、识别与检测	LED显示屏是一种通过控制发光二极管的显示方式，用来显示文字、图形、图像、动画、行情、视频、录像信号等信息的显示屏幕。通过发光二极管芯片的适当连接（包括串联和并联）和适当的光学结构。可构成发光显示器的发光段或发光点。由这些发光段或发光点可以组成数码管、符号管、米字管、矩阵管、电平显示器管。通常把数码管、符号管、米字管共称为笔画显示器，而把笔画显示器和矩阵管统称为字符显示器。常用的LED显示器件一般有数码管和点阵两类

  本书可作为爱好电子电路的初、中级读者的自学参考书，也可作为农村电工、职业院校或相关技能培训机构的培训教材；同时，也适合学习家电维修的读者阅读。

  全书主要由王学屯编写，参加编写的还有高选梅、王曌敏、刘军朝等。在本书的编写过程中参考了大量的文献，书后参考文献中只列出了其中一部分，在此对这些文献的作者深表谢意！

  由于编者水平有限，且时间仓促，本书难免有错误和不妥之处，恳请各位读者批评指正，以便使之日臻完善，在此表示感谢。

编著者

CONTENTS 目录

第1章 电阻的应用、识别与检测 1

  1.1 固定电阻的应用 1
      1.1.1 电阻的分压、降压 1
      1.1.2 电阻的分流、限流 1
      1.1.3 电阻的上拉、下拉 2
      1.1.4 电阻的取样、反馈 2
      1.1.5 电阻的启动、泄放 4
  1.2 可变电阻的应用 5
      1.2.1 连续可调分压器 5
      1.2.2 电位器的音量、平衡控制 5
      1.2.3 可变电阻调整偏流 6
  1.3 几种特殊电阻的应用 6
      1.3.1 消磁电阻的应用 6
      1.3.2 热敏电阻的应用 7
      1.3.3 压敏电阻的应用 9
      1.3.4 光敏电阻的应用 9
      1.3.5 气敏电阻的应用 10
      1.3.6 湿敏电阻的应用 11
      1.3.7 保险电阻的应用 11
  1.4 电阻的分类 12
  1.5 通孔电阻的识别 13
      1.5.1 通孔电阻外形、符号的识别 13
      1.5.2 电阻的主要参数 15
      1.5.3 电阻阻值表示方法 17
      1.5.4 通孔电阻和电位器的型号命名方法 19
  1.6 贴片电阻、电位器的识别 20
      1.6.1 贴片电阻的外形及特点 20
      1.6.2 贴片电位器的识别 21
  1.7 几种特殊电阻的识别 22
  1.8 现场操作——电阻的检测 23

  1.8.1 现场操作 1——普通电阻的检测 23
  1.8.2 现场操作 2——电位器（或微调电阻）的检测 25
  1.8.3 现场操作 3——特殊电阻的检测 26
 1.9 电阻总结 27

第 2 章 电容的应用、识别与检测 28
 2.1 电容的应用 28
  2.1.1 电容的滤波、退耦 28
  2.1.2 电容的耦合、通交隔直 29
  2.1.3 电容的储能、放电 29
  2.1.4 电容分压、降压 30
  2.1.5 电容的谐振、调谐 30
  2.1.6 X 电容、Y 电容 32
  2.1.7 微分电容、积分电容 32
  2.1.8 分频电容 33
  2.1.9 电容的旁路、中和 33
 2.2 电容的识别 34
  2.2.1 电容的分类 34
  2.2.2 电容外形的识别 35
  2.2.3 电容符号的识别 38
  2.2.4 电容的命名方法 39
  2.2.5 电容的主要参数 40
  2.2.6 电容表示方法 41
 2.3 现场操作 4——用万用表检测电容 42
 2.4 电容总结 43

第 3 章 电感、变压器的应用、识别与检测 45
 3.1 电感的应用 45
  3.1.1 天线线圈、振荡线圈 45
  3.1.2 电感的滤波 46
  3.1.3 电感的谐振 48
  3.1.4 电感的共模、差模 48
 3.2 变压器的应用 49
  3.2.1 中频变压器的应用 49
  3.2.2 音频输入、输出变压器的应用 49
  3.2.3 变压器降压、升压的应用 50
  3.2.4 开关、行输出变压器的应用 51
  3.2.5 隔离、线间变压器的应用 54
 3.3 电感的识别、检测 55
  3.3.1 电感的分类 55

3.3.2　电感的外形识别 ·· 55
　　　3.3.3　电感符号的识别 ··· 57
　　　3.3.4　电感、变压器的命名方法 ··· 58
　　　3.3.5　电感的主要参数 ··· 59
　　　3.3.6　电感的表示方法 ··· 59
　　　3.3.7　现场操作 5——用万用表检测电感 ·· 61
　3.4　变压器的识别、检测 ··· 61
　　　3.4.1　变压器的外形识别 ··· 61
　　　3.4.2　变压器符号的识别 ··· 63
　　　3.4.3　变压器的主要参数 ··· 64
　　　3.4.4　现场操作 6——用万用表检测变压器 ··· 65
　3.5　感性器件总结 ·· 67

第 4 章　二极管的应用、识别与检测··· 68

　4.1　二极管的应用 ·· 68
　　　4.1.1　整流二极管、整流桥的应用 ··· 68
　　　4.1.2　开关、限幅二极管的应用 ··· 71
　　　4.1.3　检波的应用 ··· 72
　　　4.1.4　稳压二极管的应用 ··· 72
　　　4.1.5　变容二极管的应用 ··· 73
　　　4.1.6　发光二极管的应用 ··· 74
　　　4.1.7　双向触发二极管的应用 ··· 74
　　　4.1.8　稳压二极管的过压保护电路 ··· 75
　　　4.1.9　红外发光二极管的应用 ··· 75
　4.2　二极管的识别 ·· 76
　　　4.2.1　二极管的分类 ··· 76
　　　4.2.2　二极管的特性与外形识别 ··· 77
　　　4.2.3　发光二极管的分类、外形及特点 ··· 81
　4.3　国产二极管的型号命名法 ··· 82
　4.4　二极管的主要技术指标 ··· 84
　4.5　二极管的极性识别 ·· 84
　　　4.5.1　普通二极管的极性识别 ··· 84
　　　4.5.2　发光二极管的极性识别 ··· 85
　　　4.5.3　贴片二极管的极性识别 ··· 85
　　　4.5.4　整流桥引脚的识别 ··· 85
　4.6　现场操作——二极管的检测 ··· 86
　　　现场操作 7——普通二极管的检测 ··· 86
　　　现场操作 8——发光二极管的检测 ··· 88
　　　现场操作 9——整流桥的检测 ··· 89
　　　现场操作 10——稳压二极管的检测 ··· 90

4.7 二极管总结 90

第5章 三极管的应用、识别与检测 92

5.1 三极管的应用 92
5.1.1 放大三极管 92
5.1.2 开关三极管 92
5.1.3 匹配三极管 93
5.1.4 振荡三极管 93

5.2 晶体管的命名方法 94
5.2.1 国产晶体管的命名方法 94
5.2.2 美国晶体管的命名方法 95
5.2.3 日本晶体管的命名方法 96

5.3 三极管的识别 97
5.3.1 三极管的分类 97
5.3.2 三极管的外形识别 98
5.3.3 三极管符号的识别 99
5.3.4 几种特殊三极管的识别 100
5.3.5 三极管的特性曲线 102
5.3.6 三极管的主要参数 104
5.3.7 三极管的封装形式 105

5.4 现场操作——三极管的检测 106
5.4.1 现场操作11——普通三极管的检测 106
5.4.2 现场操作12——三极管放大倍数的检测 109

5.5 三极管总结 110

第6章 场效应管的应用、识别与检测 111

6.1 场效应管的应用 111
6.1.1 场效应管共源极放大电路 111
6.1.2 场效应管共漏极放大电路 112
6.1.3 场效应管构成的触摸开关电路 112
6.1.4 场效应管构成的放大器输入级电路 113

6.2 场效应管的识别 113
6.2.1 场效应管的分类 113
6.2.2 场效应管的命名法 114
6.2.3 场效应管的外形识别 114
6.2.4 场效应管符号的识别 115
6.2.5 场效应管的特性曲线 115

6.3 现场操作13——场效应管的检测 117

6.4 场效应管总结 119

第 7 章 晶闸管、IGBT 的识别与检测·······120

7.1 晶闸管的应用·······120
- 7.1.1 晶闸管整流电路的应用·······120
- 7.1.2 晶闸管调节电路的应用·······120
- 7.1.3 温控晶闸管的应用电路·······121
- 7.1.4 双向晶闸管应用电路·······121
- 7.1.5 逆导晶闸管应用电路·······121
- 7.1.6 晶闸管开关电路的应用·······121
- 7.1.7 光控晶闸管的应用·······122

7.2 晶闸管的分类、识别·······122
- 7.2.1 晶闸管的分类·······122
- 7.2.2 晶闸管的外形识别·······123
- 7.2.3 晶闸管特性及符号的识别·······124
- 7.2.4 晶闸管的命名法·······128
- 7.2.5 晶闸管的主要参数·······129
- 7.2.6 现场操作 14——晶闸管的检测·······130

7.3 IGBT 的应用·······131
- 7.3.1 IGBT 放大电路的应用·······131
- 7.3.2 IGBT 开关电路的应用·······131
- 7.3.3 IGBT 过电压抑制的方法与电路·······132
- 7.3.4 IGBT 的驱动电路·······133

7.4 IGBT 的结构、识别·······134
- 7.4.1 IGBT 的结构与工作原理·······134
- 7.4.2 IGBT 的静态工作特性·······135
- 7.4.3 IGBT 的外形识别·······135
- 7.4.4 现场操作 15——IGBT 的检测·······137

7.5 晶闸管、IGBT 总结·······137

第 8 章 集成电路的应用、识别与检测·······139

8.1 运放、数字集成电路的应用·······139
- 8.1.1 运算放大电路的应用·······139
- 8.1.2 运放电压比较电路的应用·······141
- 8.1.3 数字集成电路的应用·······141

8.2 稳压集成电路的应用·······142
- 8.2.1 78、79 系列三端稳压器·······142
- 8.2.2 78、79 三端稳压器的应用·······144
- 8.2.3 线性低压差 DC/DC 电源变换电路·······145
- 8.2.4 开关型低压差 DC/DC 电源变换电路·······147

8.3 可调三端稳压集成电路的应用·······149

8.4 集成电路音频功率放大器的应用 150
8.5 单片机的应用 152
 8.5.1 单片机的特点 152
 8.5.2 单片机的基本工作条件 152
 8.5.3 单片机的应用方法 152
8.6 集成电路的分类、识别 154
 8.6.1 集成电路的分类 154
 8.6.2 运算放大器的识别 154
 8.6.3 数字集成电路的识别 156
 8.6.4 固定三端稳压集成电路的识别 157
 8.6.5 可调三端稳压集成电路的识别 157
 8.6.6 集成电路音频功率放大器的识别 158
 8.6.7 国产集成电路的命名方法 159
 8.6.8 国外集成电路的命名方法 160
 8.6.9 现场操作16——集成电路的外形识别 163
8.7 集成电路的封装形式及引脚排列规律 166
 8.7.1 金属圆形集成电路引脚排列规律 166
 8.7.2 单列直插式集成电路引脚排列规律 166
 8.7.3 单列曲插式集成电路引脚排列规律 166
 8.7.4 双列直插式集成电路引脚排列规律 167
 8.7.5 双列表面安装集成电路引脚排列规律 167
 8.7.6 扁平矩形集成电路引脚排列规律 168
8.8 现场操作17——电阻法测量集成电路 168
8.9 集成电路总结 169

第9章 开关、插接件、继电器的应用、识别与检测 170

9.1 开关的应用 170
 9.1.1 总电源开关的应用 170
 9.1.2 选择开关的应用 170
 9.1.3 触发开关的应用 171
 9.1.4 调节开关的应用 171
9.2 插接件的应用 172
 9.2.1 在输入信号时的应用 172
 9.2.2 在输出信号时的应用 172
9.3 继电器的应用 173
 9.3.1 继电器保护电路的应用 173
 9.3.2 继电器报警电路的应用 174
 9.3.3 继电器自动控制电路的应用 174
9.4 开关的识别、检测 175
 9.4.1 开关的分类及主要技术参数 175

  9.4.2 开关的外形及符号识别 176
  9.4.3 现场操作 18——开关的检测 179
 9.5 插接件的识别、检测 179
  9.5.1 插接件的识别 179
  9.5.2 现场操作 19——双芯插座和插头的检测 181
 9.6 继电器的识别、检测 182
  9.6.1 继电器的分类 182
  9.6.2 继电器的外形及符号识别 182
  9.6.3 继电器的主要参数 184
  9.6.4 现场操作 20——继电器的检测 185
 9.7 开关、插接件、继电器总结 187

第 10 章 传感器的应用与识别 188

 10.1 传感器的应用 188
  10.1.1 温度传感器电路的应用 188
  10.1.2 霍尔元件的应用 189
  10.1.3 霍尔传感器的应用 190
  10.1.4 热释电传感器电路的应用 191
 10.2 传感器的识别 192
  10.2.1 温度传感器识别 192
  10.2.2 霍尔传感器识别 195
  10.2.3 热释电传感器识别 196
 10.3 传感器总结 197

第 11 章 谐振、振荡元件的应用、识别与检测 198

 11.1 陶瓷谐振元件的应用 198
  11.1.1 声表面波滤波器在彩色电视机中的应用 198
  11.1.2 滤波器、陷波器的应用 198
 11.2 陶瓷谐振元件的识别 199
  11.2.1 陶瓷谐振元件的分类 199
  11.2.2 陶瓷谐振元件的命名方法 199
  11.2.3 陶瓷谐振元件的作用及识别 200
 11.3 振荡元件的应用 201
  11.3.1 晶振在遥控发射器中的应用 201
  11.3.2 晶振在单片机中的应用 201
 11.4 振荡元件的识别 203
  11.4.1 晶振的分类 203
  11.4.2 晶振的命名方法 203
  11.4.3 晶振的识别 204
 11.5 谐振、振荡元件的检测 204

  11.5.1 现场操作 21——陶瓷谐振元件的检测 204
  11.5.2 现场操作 22——振荡元件的检测 205
 11.6 谐振、振荡元件总结 205

第 12 章 电声器件的应用、识别与检测 207

 12.1 电声器件的应用 207
  12.1.1 话筒的应用 207
  12.1.2 扬声器的应用 207
  12.1.3 磁头的应用 208
  12.1.4 蜂鸣器的应用 210
 12.2 话筒的识别 210
  12.2.1 话筒的分类 210
  12.2.2 话筒的命名方法 210
  12.2.3 话筒的识别方法 211
 12.3 扬声器的识别 213
  12.3.1 扬声器的分类 213
  12.3.2 扬声器的命名方法 213
  12.3.3 扬声器的识别方法 214
  12.3.4 扬声器的主要性能指标 215
 12.4 耳机的识别 214
  12.4.1 耳机的分类 215
  12.4.2 耳机的命名方法 216
  12.4.3 耳机的识别方法 216
  12.4.4 耳机的主要性能指标 216
 12.5 磁头的识别 217
  12.5.1 磁头的分类 217
  12.5.2 磁头的识别方法 218
 12.6 现场操作——万用表检测电声器件 218
  现场操作 23——万用表检测扬声器 218
  现场操作 24——万用表检测蜂鸣器 219
  现场操作 25——万用表检测驻极体话筒 219
 12.7 电声器件总结 219

第 13 章 LED 的应用、识别与检测 221

 13.1 LED 驱动电路 221
  13.1.1 LED 显示直接驱动式 221
  13.1.2 LED 显示一级放大驱动式 221
  13.1.3 简单阻容降压 LED 驱动电路 222
  13.1.4 简单 LED 驱动电路的拓扑结构 222
 13.2 LED 应用电路 223

    13.2.1 电源指示灯 ……………………………………………………………………… 223
    13.2.2 灯光控制——标牌装饰灯应用电路 …………………………………………… 223
    13.2.3 电平指示器电路 …………………………………………………………………… 224
    13.2.4 数码管的应用 ……………………………………………………………………… 224
  13.3 数码管的识别 ……………………………………………………………………………… 227
    13.3.1 数码管的分类 ……………………………………………………………………… 227
    13.3.2 数码管的命名方法 ………………………………………………………………… 227
    13.3.3 数码管的外形识别 ………………………………………………………………… 228
    13.3.4 数码管的内部连接方式 …………………………………………………………… 228
  13.4 LED 的主要参数 …………………………………………………………………………… 230
  13.5 数码管的主要参数 ………………………………………………………………………… 230
  13.6 现场操作 26——数码管的检测 ………………………………………………………… 231
  13.7 点阵的识别 ………………………………………………………………………………… 232
    13.7.1 点阵的外形结构及特点 …………………………………………………………… 232
    13.7.2 点阵的命名方法 …………………………………………………………………… 233
    13.7.3 现场操作 27——点阵的检测 …………………………………………………… 234
  13.8 LED 总结 …………………………………………………………………………………… 235

参考文献 ……………………………………………………………………………………………… 237

第 1 章

电阻的应用、识别与检测

在电子电路中,电阻类元器件的使用量最多,学习元器件可以从电阻元件开始。

1.1 固定电阻的应用

1.1.1 电阻的分压、降压

1. 电阻的分压

在实际电路中,每个电器的供电电压只有一个且是固定的,而电路中不同工作点通常都需要不同的工作电压,这就需要借助电阻对电源电压进行分压,以满足不同电路工作点对电压的需要。在采用电阻分压的电路中,电阻通常采用串联的方式进行连接,电阻分压电路如图 1-1 所示。

2. 电阻的降压

电阻的降压电路如图 1-2 所示。二极管的额定电压一般在 2V 左右,而电源电压往往较高,就要通过串联电阻来达到降压(R_1 压降为 7V)的目的,如图 1-2(a)所示。图 1-2(b)也是电阻的降压电路。

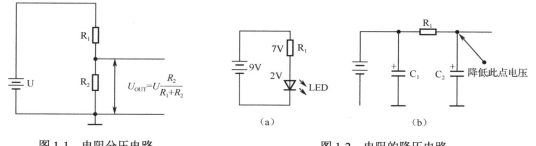

图 1-1 电阻分压电路　　　　　　　　图 1-2 电阻的降压电路

1.1.2 电阻的分流、限流

1. 电阻的分流

电阻的分流电路如图 1-3 所示。R_1 与 R_2 并联后,R_1 支路分掉总电流的一部分,使 R_2 支路的电流减小，因此，电阻并联可以起到分流作用。

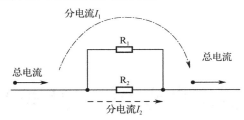

图 1-3 电阻的分流电路

2. 电阻的限流

图 1-2（a）也是典型的电阻限流保护电路。在直流总电压一定时，发光二极管串联电阻后，接入电路的总电阻增大，这条支路中的总电流就减小，流过发光二极管的电流也相应减小，防止发光二极管因流过的电流过大而损坏。

1.1.3 电阻的上拉、下拉

1. 电阻的上拉

电阻的上拉电路如图 1-4（a）所示，这是数字电路中的一个反相器。反相器在不接入上拉电阻而输入端悬空时，外界的低电平干扰信号容易从输入端进入反相器中，使反相器输出端输出误动作；反相器在接入上拉电阻后，该电阻在没有输入信号时，可以使输入端始终稳定地处于高电平状态，防止了可能出现的低电平干扰。

2. 电阻的下拉

电阻的下拉电路如图 1-4（b）所示，这是数字电路中的一个反相器。输入端通过下拉电阻接地，这样在没有高电平输入时，可以使输入端稳定地处于低电平状态，防止了可能出现的高电平干扰使反相器发生误动作。

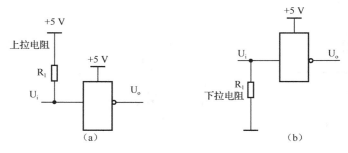

图 1-4 电阻的上拉、下拉

1.1.4 电阻的取样、反馈

1. 电阻的取样

电阻的取样电路如图 1-5（a）所示，电阻的取样实际上就是对电路实际电压的反映，把这个电压作为检测电压,反馈到智能控制电路或自动控制电路中,以实现自动控制电路的作用。

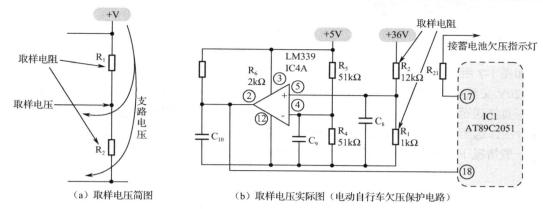

图 1-5　电阻的取样

图 1-5（b）是电动自行车欠压保护电路。欠压保护电路主要由单片机 IC1、运放 IC4A 及外围元件等组成。

运放 IC4A 的反相输入端的电压一般是稳定的,由电阻 R_5、R_4 分压所决定;同相输入端的电压是变化的,由电阻 R_2 和 R_1 及蓄电池的电量所决定。

当蓄电池电量充足时,IC4A 的 5 脚为高电平(高于 4 脚),其 2 脚输出也为高电平,IC1 的 18 脚为高电平,单片机输出正常激励脉冲信号;当蓄电池电量下降时(低于 31.5V),IC4A 的 5 脚为低电平(低于 4 脚),其 2 脚输出也为低电平,IC1 的 18 脚为低电平,单片机停止激励脉冲信号,电动机停止转动。与此同时,单片机 17 脚也输出高电平信号,经电阻 R_{21} 驱动欠压指示灯点亮,以提示电量不足。

2. 电阻的反馈

在图 1-6 电路中,假定两级放大器输入端输入信号极性为"上正下负",即 VT_1 基极为"＋",集电极倒相后为"－";VT_2 基极为"－",其发射极为"－";通过电阻 R_f 反馈至 VT_1 基极为"－",使净输入量减少,因此,可判断该反馈为负反馈。R_f 为负反馈电阻。

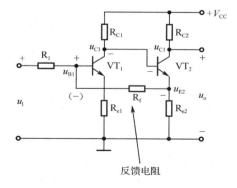

图 1-6　R_f 为负反馈电阻

1.1.5 电阻的启动、泄放

1. 电阻的启动

如图 1-7 所示是彩电中 A3 开关电源电路（部分图），图中的 R_{520}、R_{521}、R_{522} 就是启动电阻。220V 交流电压经整流（$VD_{503} \sim VD_{506}$）、滤波（C_{507}）后，得到+310V 左右的直流电压，该电压直接送至开关管（VT_{513}）的集电极使之得到供电电压；同时该电压经电阻 R_{520}、R_{521}、R_{522} 分压，送至开关管（VT_{513}）的基极，使基极得到启动电压，从而启动开关管进入工作状态。一般情况下，选取功率比较大的电阻作为启动电阻。

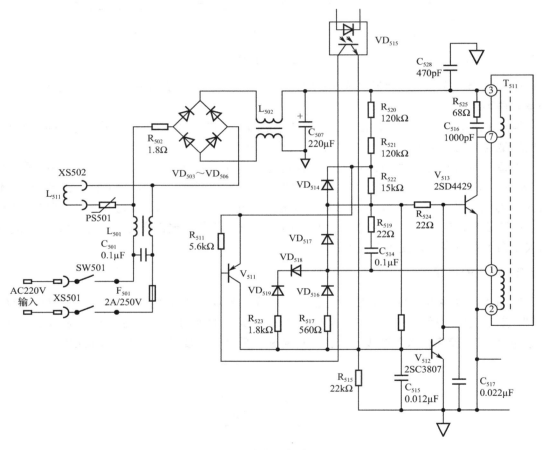

图 1-7　A3 开关电源电路（部分图）

2. 泄放电阻

如图 1-7 所示，图中的 R_{525} 就是泄放电阻。在储能元件（T_{511}）两端并联的电阻，给储能元件提供一个消耗能量的通路，使电路安全。这个电阻叫泄放电阻。

1.2 可变电阻的应用

1.2.1 连续可调分压器

连续可调分压器的工作原理如图 1-8 所示。在可变电阻的输入端加上 +V 的电压，调节其中心抽头就可得到 0～+V 的可变电压。

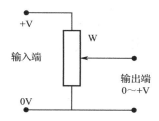

图 1-8　连续可调分压器的工作原理

1.2.2 电位器的音量、平衡控制

1. 电位器的音量控制

电位器的音量控制电路如图 1-9 所示。图中的电位器就相当于两个串联在一起的电阻，且这两个电阻可以通过中心抽头来改变阻值，从而控制输入分压量的大小，达到控制音量的目的。

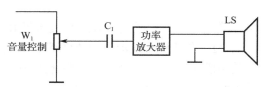

图 1-9　电位器的音量控制电路

2. 电位器的平衡控制

电位器的平衡控制电路如图 1-10 所示，这是常见的立体声功放电路，图中 W_{22} 为平衡控制电位器。调节该电位器可以控制左、右声道的音量，使之达到平衡的效果。

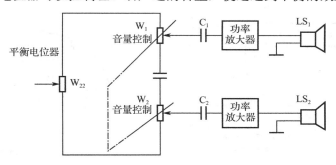

图 1-10　电位器平衡控制电路

1.2.3 可变电阻调整偏流

可变电阻调整偏流电路如图 1-11 所示，调节 R_{P1} 可以改变 VT_1 的集电极电流，使之符合电路的正常工作状态。

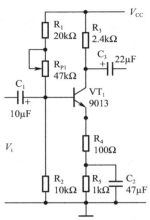

图 1-11 可变电阻调整偏流电路

1.3 几种特殊电阻的应用

1.3.1 消磁电阻的应用

消磁电路如图 1-12 所示。消磁电路由正温度系数的热敏电阻 RS_{501} 和消磁线圈 L_{511} 组成。在常温下，RS_{501} 的阻值约为 20Ω，在开机瞬间流过消磁线圈的电流很大，产生强大的瞬间磁场，金属物被磁化，随后，其电阻阻值随着温度的升高而迅速增大，流过消磁线圈的电流也迅速下降。这种变化电流所产生的磁场，达到了消磁的目的，从而完成了对荫罩的消磁作用。目前，所有的 CTR（射线管）电视机的消磁线圈都安装在显像管的锥体部分，这样每开机一次便可消磁一次。

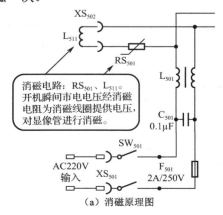

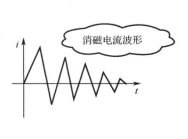

（a）消磁原理图　　　　（b）消磁电流波形图

图 1-12 消磁电路

1.3.2 热敏电阻的应用

热敏电阻根据其特性可分为正温度系数热敏电阻和负温度系数热敏电阻。

1. 正温度系数热敏电阻的特点

PTC 是 Positive Temperature Coeffcient 的缩写,其含义为正温度系数热敏电阻。正温度系数热敏电阻的特性如图 1-13 所示。

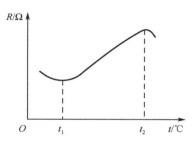

图 1-13　正温度系数热敏电阻的特性

从图 1-13 中可知,PTC 元件的电阻在 $0 \sim t_1$ 时,阻值随温度的升高而减小,t_1 温度点称为转折温度,又叫居里点;在 $t_1 \sim t_2$ 时,随着温度的升高,电阻值迅速增大,可增至数万倍,呈现出正温度系数特性。此时它可用于控温电路,其控温原理是:温度 t 升高→电阻 R 变大→热功率 P 减小→温度 t 降低,具体的控制温度与环境有关。利用该特性,正温度系数热敏电阻多用于自动控制电路。

2. PTC 热敏电阻过流、过热保护的应用

PTC 热敏电阻除上面所说的消磁电路外,还常用于过流、过热保护电路等。PTC 热敏电阻用于过流、过热保护电路原理如图 1-14 所示。

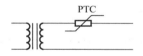

图 1-14　PTC 热敏电阻用于过流、过热保护电路原理图

当电路处于正常状态时,通过 PTC 热敏电阻的电流小于额定电流,PTC 热敏电阻处于常态,阻值较小,串联在电路中的 PTC 热敏电阻不会阻碍电流的通过,不会影响被保护电路的正常工作。当电路出现故障时,电流就大大超过额定电流,PTC 热敏电阻随着温度的升高阻值会变得很大,呈高阻态,使电路处于相对的"开路"状态,从而达到保护后级电路的目的。

3. PTC 热敏电阻启动电路的应用

如图 1-15 所示是电冰箱启动控制电路图。当手动置温控器 K_1 闭合时,因 PTC 的冷态电阻值较小(多为 $22 \sim 33\Omega$),所以通电瞬间 220V 市电电压通过热敏电阻、压缩机启动绕组形成较大的启动电流,使压缩机电机开始运转,同时热敏电阻因流过大电流,温度急剧升至其居里点以上,就进入高阻态(相当于断开),断开启动绕组的供电回路(S、C 绕组),完成启动任务。完成启动后,启动回路的电流迅速下降到 30mA 以内,运转回路的电流也下降到 1A 左右。

4. 负温度系数热敏电阻的特点

NTC 是 Negative Temperature Coeffcient 的缩写,其含义为负温度系数热敏电阻。负温度系数热敏电阻的特性如图 1-16 所示。

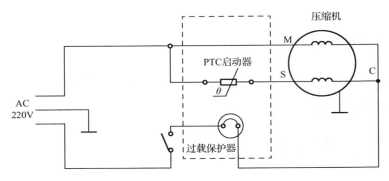

图 1-15 电冰箱启动控制电路

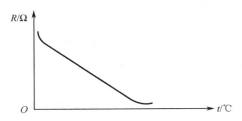

图 1-16 负温度系数热敏电阻的特性

从图 1-16 可知，负温度系数热敏电阻与温度近似为线性关系。在一定电压下，刚通电时 NTC 电阻较大，通过的电流较小。当电流的热效应使 NTC 元件温度升高时，其电阻减小，通过的电流又增大。NTC 元件一般用在软启动和自动检测及控制电路中。

5. 负温度系数热敏电阻的应用

图 1-17 是某电冰箱的温度传感器（温度检测系统）电路，RT_1 是负温度系数热敏电阻。

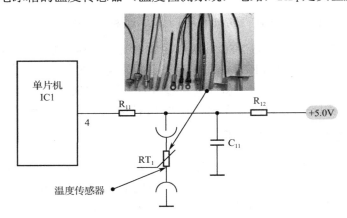

图 1-17 某电冰箱的温度传感器电路

传感器 RT_1 与电阻 R_{12} 串联后，对+5V 电压进行分压，分压后的电压经电阻 R_{11} 送入单片机内部。由于温度传感器采用的是负温度系数热敏电阻，即在温度升高时其阻值减小，温度降低时阻值增大，所以单片机的输入电压规律就是：温度升高时，单片机的输入电压升高；温度降低时，单片机的输入电压降低。这一变化的电压送到单片机内部电路进行分析处理，以判定当前冷冻室或冷藏室的温度，并通过内部程序和人工设定，来控制电冰箱的运行状态。

1.3.3 压敏电阻的应用

压敏电阻是一种在某一特定电压范围内其电导随电压的增加而急剧增大的敏感元件。主要用于电路的过压保护，是家用电器中的"安全卫士"。当压敏电阻两端的电压低于其标称电压时，其内部的晶界层几乎是绝缘的，呈高阻抗状态；当压敏电阻两端的电压（遇到浪涌过电压、操作过电压等）高于其标称电压时，其内部的晶界层的阻值急剧下降，呈低阻抗状态，外来的浪涌过电压、操作过电压就通过压敏电阻以放电电流的形式被泄放掉，从而起到过压保护的作用。

图 1-18 是某电冰箱的电源原理图，图中 VR_1 就是压敏电阻。当电网电压高于 250V 时，压敏电阻 VR_1 就会立即击穿，从而使保险管 F_1 烧毁，达到保护或防止电磁炉后级负载严重损坏的目的。

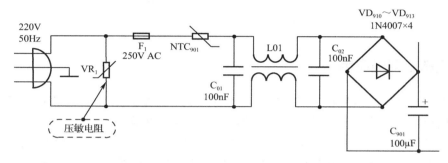

图 1-18　某电冰箱的电源原理图

1.3.4 光敏电阻的应用

光敏电阻是用半导体光电导材料制成的，其基本特征如下。

（1）光照特性。随着光照强度的增大，光敏电阻的阻值急剧下降，然后逐渐趋于饱和（阻值接近零欧）。

（2）伏安特性。光敏电阻两端所加电压越高，光电流也越大，且无饱和现象。

（3）温度特性。随着温度的增大，有些光敏电阻的阻值增大，有些则减小。

根据光敏电阻的上述特性，它多用于与光度有关的自动控制电路。

分立式声光控制开关的原理如图 1-19 所示，主要由电源电路、光控电路、声控电路及通断控制电路等组成。

光控电路主要由三极管 VT_3、VT_2、光敏二极管 VD_6 及外围元件等组成。当白天有光照射到光敏二极管 VD_6 时，其阻值变小，导致 VT_3 导通，使 VT_2 基极为低电平，短路了声控信号到达 VT_2 的基极，此时声控无效；反之，当夜晚无光照时，光敏二极管阻值增大，VT_3 截止，声控起作用。

声控及通断控制电路主要由话筒 MIC、三极管 VT_4、VT_2、VT_1、晶闸管 VT 及外围元件等组成。当夜晚无光照时，由于声控起作用。此时声控经话筒 MIC 拾音—电容 C_2 耦合—三极管 VT_4 放大—电阻 R_6—三极管 VT_2 放大—电容 C_1 充放电至三极管 VT_1，VT_1 输出高电平触发晶闸管 VT 导通，从而点亮灯泡。由于触发声音较为短暂，当其消失后，VT_4 的集电极又变为低电平，VT_2 截止。但由于 C_1 两端的电压不能突变，仍可维持 VT_1 集电极输出高电平，灯泡仍点亮。由于 VT_2 截止，电源经 R_2 向 C_1 充电，随着 C_1 两端电压逐渐升高，当升到某一值时，使 VT_1 导通，导致晶闸管因失去触发电压而关闭。

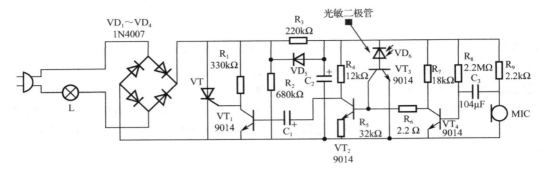

图 1-19　分立式声光控制开关原理图

1.3.5　气敏电阻的应用

气敏电阻是利用气体的吸附而使半导体本身的电导率发生变化这一原理将检测到的气体成分和浓度转换为电信号的电阻，常用于检测或传感器电路等。

自动型排油烟机的电路原理如图 1-20 所示。它装有两个电动机，一个 100W 的照明灯和四个选择开关。SB_2、SB_1 分别是左、右风扇电动机控制开关按键，SB_3 是自动/手动选择开关，SB_4 是照明灯开关。

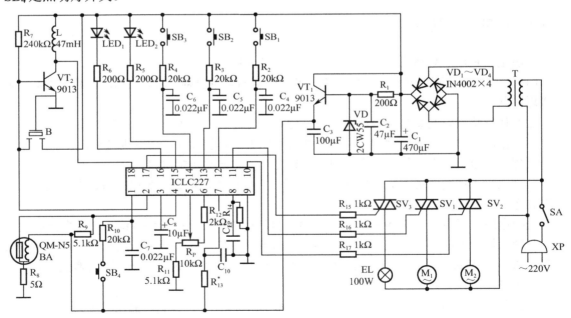

图 1-20　自动型排油烟机的电路原理图

单片机（ICLC227）18 脚加正电压、9 脚加负电压。BA 为气敏传感器，当它检测到有煤气或油烟等有害气体时，其输出电压下降，即 4 脚电压下降。当该电压下降到一定值时，2

脚输出高电平，驱动放大器 VT_2 工作并报警；与此同时，10 脚、11 脚同时输出低电平，从而使左、右风机同时运转。

1.3.6 湿敏电阻的应用

湿敏电阻是利用湿敏材料吸收空气中的水分而导致本身电阻值发生变化这一原理制成的电阻，常用于检测、传感器电路等。

图 1-21 是婴幼儿尿床报警器电路，该电路是由检测放大电路、延时、低频振荡器和电源电路组成。

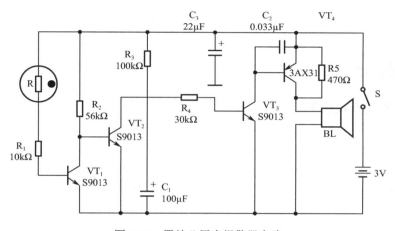

图 1-21 婴幼儿尿床报警器电路

电路中，检测放大电路由湿敏电阻 R、晶体管 VT_1 和 VT_2 及电阻 R_1、R_2 组成；延时电路由电阻 R_3 和电容 C_1 组成；低频振荡器由电阻 R_4、R_5、电容 C_2、晶体管 VT_3 和 VT_4、扬声器等组成；电源电路由电池、电源开关 S 和滤波电容 C_3 组成。

接通电源开关后，电路处于待机状态，湿敏电阻处于高阻状态，VT_1 截止，VT_2 导通，低频振荡器不工作，扬声器不发声。

当婴幼儿尿床时，湿敏电阻两电极之间的阻值变小，使 VT_1 导通，VT_2 截止，C_1 经 R_3 充电。当 C_3 充满电，VT_3 的基极电压达到 0.7V 时，低频振荡器开始工作，扬声器发出"嘟…"报警声。

1.3.7 保险电阻的应用

保险电阻又叫安全电阻或熔断电阻，是一种兼电阻器和熔断器双重作用的功能元件。在正常情况下，保险电阻与普通电阻一样，具有降压、分压、耦合、匹配等多种功能和同样的电气特性。而一旦电路出现异常，如电路发生短路或过载，此时流过保险电阻的电流会大大增加。当流过保险电阻的电流超过它的额定电流，使其表面温度达到 500℃～600℃时，电阻层便会迅速剥落熔断，从而保护电路中其他的元件免遭损坏，并防止故障的扩大。保险电阻的电阻值很小，一般为几欧至几十欧，并且大部分都是不可逆的，即熔断后不能恢复使用。

保险电阻通常接在直流电路中，阻值较小，在电路中起过电流保护作用，如图 1-22（a）

所示；图 1-22（b）所示为液晶彩电背光电路板上的熔断电阻实物图。

图 1-22 熔断电阻电路及实物图

1.4 电阻的分类

电阻的分类如图 1-23 所示。

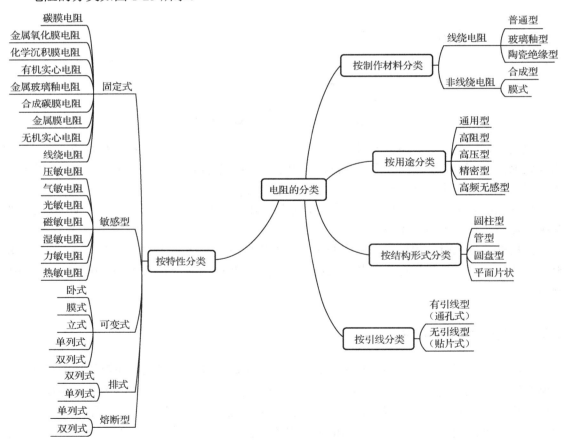

图 1-23 电阻的分类

可变电阻（或电位器）的分类如图 1-24 所示。

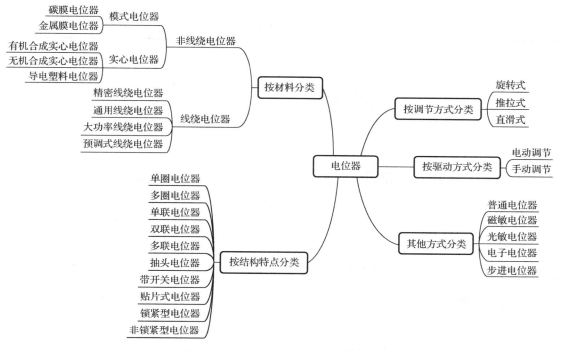

图 1-24 可变电阻（或电位器）的分类

贴片电阻的分类如图 1-25 所示。

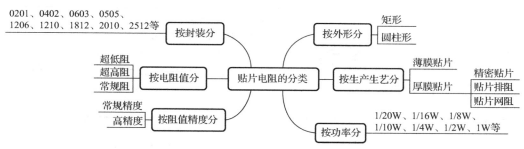

图 1-25 贴片电阻的分类

1.5 通孔电阻的识别

1.5.1 通孔电阻外形、符号的识别

1. 通孔电阻外形的识别

部分通孔电阻的外形、特点及电路符号见表 1-1。

表 1-1　部分通孔电阻的外形、特点及电路符号

种　类	外　形	特　点	电路符号
固定电阻器		只有 2 个引脚沿中心轴线伸出，一般不区分正负极。常有碳膜电阻器、合成碳膜电阻器、金属膜电阻器、金属氧化膜电阻器、化学沉积膜电阻器、玻璃釉电阻器、金属氮化膜电阻器等	国外 R 国内
电位器		合成碳膜电位器，它的电阻体是用经过研磨的炭黑、石墨、石英等材料涂敷于基体表面制成的，该工艺简单，是目前应用最广泛的电位器。特点是分辨率高、耐磨性好、寿命较长，缺点是电流噪声、非线性大、耐潮性及阻值稳定性差	W 国外 W 国内
微调电阻器		它一般有 3 个引脚，由 2 个定片引脚和 1 个动片引脚组成，设有一个可变动片，从而可改变电阻器的电阻值	W 国外 W 国内
线绕电阻器		线绕电阻器是用高阻合金线绕在绝缘骨架上制成的，外面涂有耐热的釉绝缘层或绝缘漆。它具有较低的温度系数、阻值精度高、稳定性好、耐热耐腐蚀，主要做精密大功率电阻使用，缺点是高频性能差，时间常数大	R W 国内
水泥电阻器		水泥电阻器是采用陶瓷、矿质材料封装的电阻器件，其特点是功率大、电阻值小，具有良好的阻燃、防爆特性	R
排电阻		排阻是厚膜网络电阻，通过在陶瓷基片上丝网印刷形成电极和电阻并印有玻璃保护层。有坚硬的钢夹接线柱，用环氧树脂包封。适用于密集度高的电路装配	
带开关电位器		带开关电位器是将开关与电位器合为一体，通常用在需要对电源进行开关控制及音量调节的电路中。主要被应用在收音机、随身听、电视机等电子产品中	W K 带开关电位器

2. 通孔电阻符号的识别

在电路原理图中,固定电阻通常用"R"表示,可变电阻用"W"表示,排阻通常用"RN"表示。电阻的图形符号如图 1-26 所示。

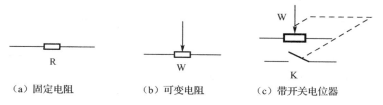

图 1-26　电阻的图形符号

在电路原理图和印制电路板图中,电阻的标号形式为:"数字+R+数字",例如,3R5 表示第 3 单元电路中的第 5 个电阻。当单元电路较少时,可采取"R+数字"来表示,例如,R419 表示第 419 个电阻。电阻的标号如图 1-27 所示。

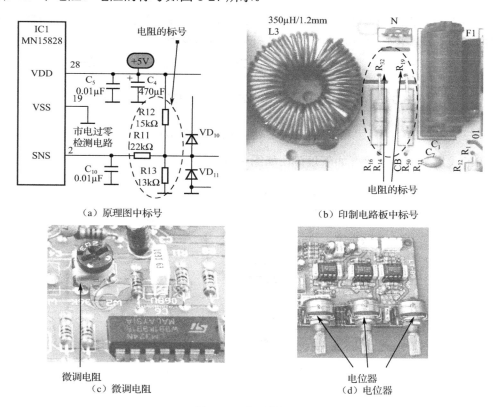

图 1-27　电阻的标号

1.5.2　电阻的主要参数

1. 标称阻值

标称阻值通常是指电阻体表面上标注的电阻值,简称阻值。阻值是电阻的主要参数之一,不同类型的电阻，阻值范围不同，不同精度的电阻其阻值系列也不同。根据国家标准，常用的标称电阻值系列见表 1-2。E24、E12 和 E6 系列也适用于电位器和电容器。

表 1-2　标称电阻值系列

系列与允许误差	阻 值 系 列
E24 ±5%	1.0，1.1，1.2，1.3，1.5，1.6，1.8，2.0，2.2，2.4，2.7，3.0，3.3，3.9，4.3，4.7，5.1，5.6，6.2，6.8，7.5，8.2，9.1
E12 ±10%	1.0，1.2，1.5，1.8，2.2，2.7，3.3，3.9，4.7，5.6，6.8，8.2
E6 ±20%	1.0，1.5，2.2，3.3，4.7，6.8

表中数值再乘以 $10n$，其中 n 为正整数或负整数。

2. 额定功率

电阻在电路中长时间连续工作而不损坏，或不显著改变其性能所允许消耗的最大功率称为电阻的额定功率。不同功率电阻的电路图符号如图 1-28 所示。

图 1-28　不同功率电阻器的电路图符号

电阻的长度与功率一般有如下规律，如图 1-29 所示。

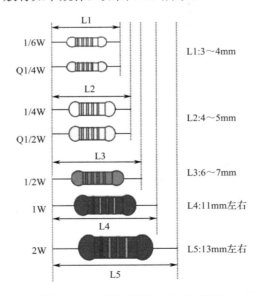

图 1-29　电阻的长度与功率的关系

3. 允许误差等级

电阻的允许误差等级见表 1-3。

表 1-3 电阻的误差等级

允许误差（%）	±0.001	±0.002	±0.005	±0.01	±0.02	±0.05	±0.1
等级符号	E	X	Y	H	U	W	B
允许误差（%）	±0.2	±0.5	±1	±2	±5	±10	±20
等级符号	C	D	F	G	J（I）	K（II）	M（III）

1.5.3 电阻阻值表示方法

电阻阻值表示方法主要有以下四种。

1. 直标法

直标法就是将电阻的阻值用数字和文字符号直接标在电阻体上。其允许误差则用百分数表示，未标误差的电阻为±20%的允许误差。常见直标法电阻如图 1-30 所示。电阻直标法如图 1-30 所示。

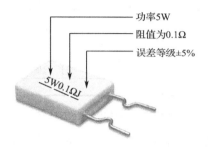

图 1-30 电阻直标法

2. 文字符号法

文字符号法就是将电阻的标称值和误差用数字和文字符号按一定的规律组合标识在电阻体上。电阻文字符号法如图 1-31 所示。

图 1-31 电阻文字符号法

又如 1R5 表示 1.5Ω，2K7 表示 2.7kΩ。

3. 色标法

色标法是将电阻的类别及主要技术参数的数值用颜色（色环或色点）标注在它的外表面上。色标电阻（色环电阻）可分为四环、五环标法。四环电阻各色环含义如图 1-32 所示。

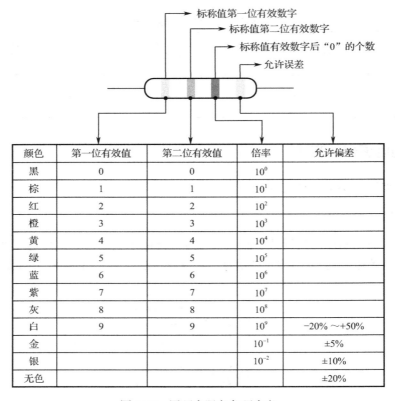

图1-32 四环电阻各色环含义

快速识别色环电阻的要点是熟记色环所代表的数字含义,为方便记忆,色环代表的数值顺口溜如下:

> 1棕2红3为橙,4黄5绿在其中,
> 6蓝7紫随后到,8灰9白黑为0,
> 尾环金银为误差,数字应为5/10。

四色环电阻的色环表示标称值(二位有效数字)及精度。例如,色环为棕绿橙金表示 $15×10^3Ω=15kΩ±5\%$ 的电阻。

五色环电阻的色环表示标称值(三位有效数字)及精度。如图1-33所示,色环为红红黑棕金表示 $220×10^1Ω=2.2kΩ±5\%$ 的电阻。

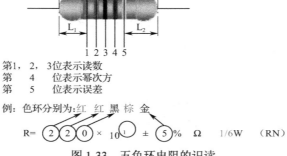

图1-33 五色环电阻的识读

设色环到电阻本体两边的距离为 L_1 和 L_2（$L_1<L_2$），色环识别的顺序为从 L_1 处的色环读起，顺次读色环并对照代码。

一般四色环和五色环电阻表示允许误差的色环距离其他环的距离较远。比较标准的表示应是表示允许误差的色环宽度是其他色环的 1.5~2 倍。

4. 数码表示法

数码表示法常用于贴片电阻、排阻等。可查看贴片电阻的有关内容。

在电阻体的表面用三位数字或两位数字加 R 来表示标称值的方法称为数码表示法。该方法常用于贴片电阻、排阻等。

例如：标注为"103"的电阻其阻值为 $10\times10^3=10\mathrm{k}\Omega$；标注为"472"的电阻其阻值为 $47\times10^2=4.7\mathrm{k}\Omega$。需要注意的是，要将这种标注法与直标法区别开，如标注为"220"的电阻器，其阻值为 22Ω，只有标注为"221"的电阻器，其阻值才为 220Ω。

1.5.4 通孔电阻和电位器的型号命名方法

根据国家标准 GB/T2470—1995 的规定，通孔式电阻和电位器的型号由 3 部分或 4 部分组成，如图 1-34 所示，各部分的主要含义见表 1-4。

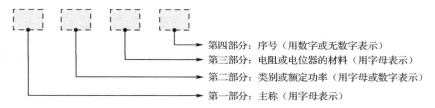

图 1-34 通孔式电阻和电位器的型号组成

表 1-4 电阻和电位器的型号命名方法（通孔式）

第一部分：主称		第二部分：材料		第三部分：特征分类			第四部分：序号
符号	意义	符号	意义	符号	意义		
					电阻器	电位器	
R	电阻器	T	碳膜	1	普通	普通	对主称、材料相同，仅性能指标、尺寸大小有差别，但基本不影响互换使用的产品，给予同一序号；若性能指标、尺寸大小明显影响互换时，则在序号后面用大写字母作为区别代号
		H	合成膜	2	普通	普通	
		S	有机实心	3	超高频	—	
		N	无机实心	4	高阻	—	
		J	金属膜	5	高温	—	
W	电位器	Y	氧化膜	6	—	—	
		C	沉积膜	7	精密	精密	
		I	玻璃釉膜	8	高压	特殊函数	
		P	硼碳膜	9	特殊	特殊	
		U	硅碳膜	G	大功率	—	

（续表）

第一部分：主称		第二部分：材料		第三部分：特征分类			第四部分：序号
符号	意义	符号	意义	符号	意义		
					电阻器	电位器	
W	电位器	X	线绕	T	可调	—	对主称、材料相同，仅性能指标、尺寸大小有差别，但基本不影响互换使用的产品，给予同一序号；若性能指标、尺寸大小明显影响互换时，则在序号后面用大写字母作为区别代号
		M	压敏	W	—	微调	
		G	光敏	D	—	多圈	
		R	热敏	B	温度补偿用	—	
				C	温度测量用	—	
				P	旁热式	—	
				W	稳压式	—	
				Z	正温度系数	—	

1.6 贴片电阻、电位器的识别

1.6.1 贴片电阻的外形及特点

近年来，表面贴片元器件（又称片状元器件）被广泛应用于电脑、通信设备和音、视频产品中。手机、数码照相机、数码摄录像机、液晶电视等数码电子产品功能越来越强，体积越来越小，片状元器件和表面贴片式安装技术（SMT）在其中起着决定作用。片状元器件外形多呈薄片状，大部分没有引出线，有的在元器件的两端仅有非常小的引出线，相邻电极之间的距离很小。片状元器件直接贴装在电路板的表面，将电极焊接在与元器件同一面的焊盘上。表面贴片元器件安装密度高，减小了引线分布参数的影响，降低了寄生电容和电感，高频特性好，并增强了抗电磁干扰和射频干扰能力。通孔电阻（又称分立电阻）与贴片电阻在电路板上的比较如图1-35所示。

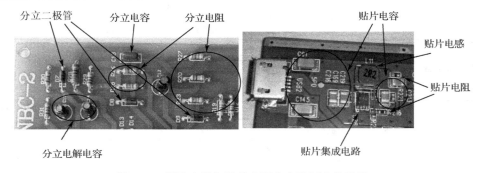

图1-35 通孔电阻与贴片电阻在电路板上的比较

贴片电阻又称表面安装电阻，是小型电子线路的理想元件。它是把很薄的碳膜或金属合金涂覆到陶瓷基底上，电子元件和电路板的连接直接通过金属封装端面，不需引脚，主要有矩形和圆柱形两种。贴片电阻的外形最大特点是两端为银白色，中间大部分为黑色。贴片电阻的外形结构及特点如图1-36所示。

图 1-36　贴片电阻的外形结构及特点

1.6.2　贴片电位器的识别

贴片式电位器是一种无手动旋转轴的超小型直线式电位器，调节时需借助于工具。贴片电位器的负荷能力较小，一般用于通信、家电等电子产品中。贴片电位器外形结构及特点如图 1-37 所示。

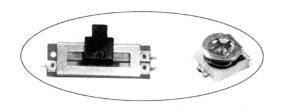

图 1-37　贴片电位器外形结构及特点

贴片电阻器的型号命名一般由 6 部分组成，如图 1-38 所示，各部分的主要含义见表 1-5。

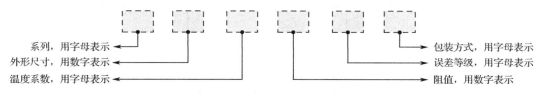

图 1-38　贴片电阻器的型号命名组成

表 1-5　贴片电阻器型号命名组成的各部分主要含义

系列代号		尺寸代号		温度系数（ppm/℃）		阻值数字代码	误差等级		包装方式	
系列	代号	尺寸	代号	代号	温度系数		代号	误差值	代号	包装方式
E-24	FTR	02	0402	K	≤±100	E-24 系列前两位表示有效数字，第三位表示零的个数	F	±1%	T	编带包装
		03	0603	L	≤±250		G	±2%		

（续表）

系列代号		尺寸代号		温度系数（ppm/℃）		阻值数字代码	误差等级		包装方式	
系列	代号	尺寸	代号	代号	温度系数		代号	误差值	代号	包装方式
E-96	FTM	05	0805	U	≤±400	E-96系列前三位表示有效数字，第四位表示零的个数	J	±5%	B	塑料盒散包装
		06	1206	M	≤±500		O	跨接电阻		

注：小数点用R表示，如1R0=1.0Ω，在电阻体上只有阻值数字代码，具体型号通常在包装箱上。

1.7 几种特殊电阻的识别

部分特殊电阻的外形结构见表1-6。

表1-6 部分特殊电阻的外形结构

种类	外形	特点	电路符号
热敏电阻	 负温度系数（NTC）热敏电阻  正温度系数（PTC）热敏电阻	热敏电阻有正温度系数（PTC）热敏电阻和负温度系数（NTC）热敏电阻两种。正温度系数热敏电阻是一种具有温度敏感性的电阻，一旦温度超过一定数值（居里温度），其电阻值随温度的升高而呈阶跃式增大。负温度系数热敏电阻的阻值随温度的升高而降低	热敏电阻在电路中用字母符号"RT"或"R"表示，电路符号如下 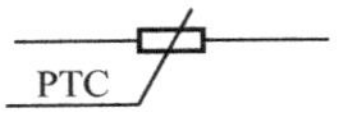 正温度系数热敏电阻 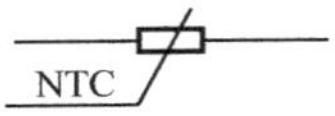 PTC 负温度系数热敏电阻 NTC
光敏电阻	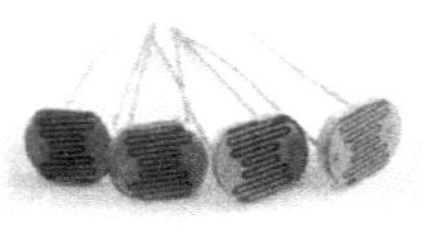	光敏电阻又称光感电阻，入射光强，电阻值减小；入射光弱，电阻值增大。光敏电阻一般用于光的测量、光的控制和光电转换（将光的变化转换为电的变化）	光敏电阻在电路中用字母"RL""RG"或"R"表示，电路符号下 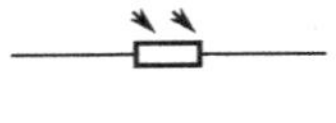
压敏电阻		压敏电阻是一种在某一特定电压范围内其电导随电压的增加而急剧增大的敏感元件。主要用于电路稳压和过压保护，是家用电器中的"安全卫士"	在电路中用字母"RV"或"R"表示，在电路原理图中电路符号如下 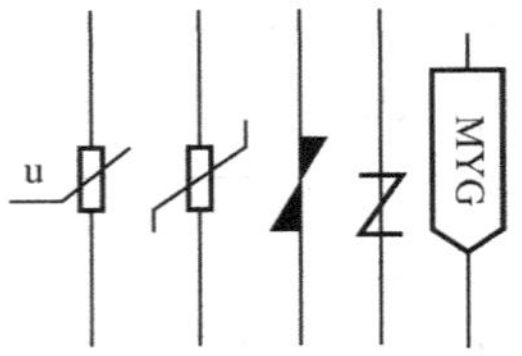

(续表)

种类	外形	特点	电路符号
气敏电阻		气敏电阻是利用气体的吸附而使半导体本身的电导率发生变化这一原理将检测到的气体的成分和浓度转换为电信号的电阻	气敏电阻在电路中常用字母"RQ"或"R"表示，电路符号如下 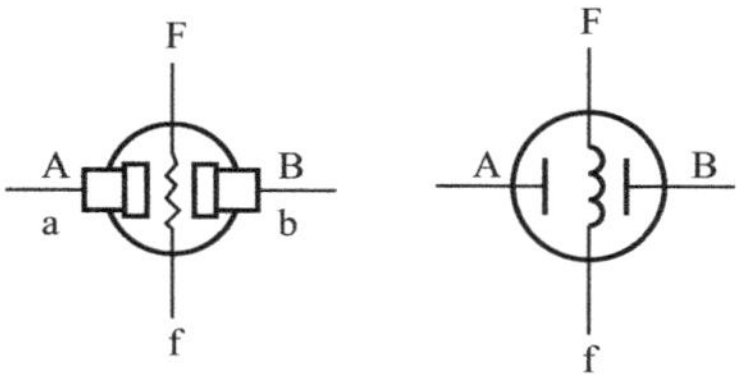 A—B：检测极 F—f：灯丝（加热极）
湿敏电阻		湿敏电阻是利用湿敏材料吸收空气中的水分而导致本身电阻值发生变化这一原理而制成的电阻	湿敏电阻在电路中的文字符号用字母"RS"或"R"表示，电路符号如下 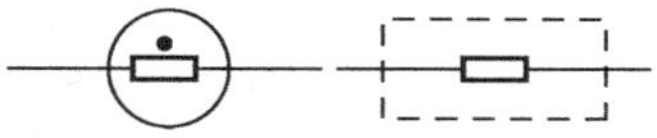
磁敏电阻		磁敏电阻是利用半导体的磁阻效应制造的电阻，常用InSb（锑化铟）材料加工而成	磁敏电阻在电路中常用符号"RC"或"R"表示，电路符号如下 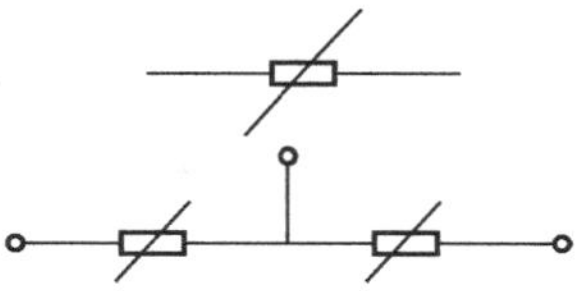
保险电阻	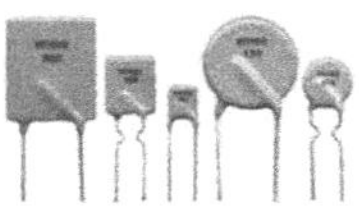	保险电阻又叫安全电阻或熔断电阻，是一种兼电阻器和熔断器双重作用的功能元件。在正常情况下，保险电阻与普通电阻一样，而一旦电路出现异常，保险电阻的电阻层便会迅速剥落熔断，从而保护电路中其他的元件免遭损坏，并防止故障的扩大	保险电阻在电路中的文字符号用字母"RF"或"R"表示。电路符号如下 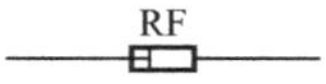 国内 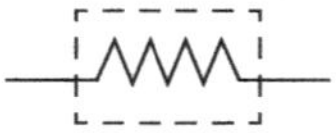 国外
力敏电阻		力敏电阻是一种阻值随压力变化而变化的电阻，国外称为压电电阻器。可制成各种力矩计、半导体话筒、压力传感器等	力敏电阻在电路中常用符号"RL"或"R"表示，电路符号如下 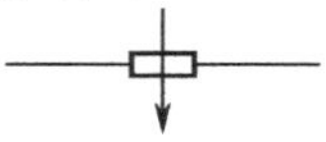

1.8 现场操作——电阻的检测

1.8.1 现场操作1——普通电阻的检测

1. 指针式万用表检测普通电阻

指针式万用表检测普通电阻测试示例如图1-39所示。

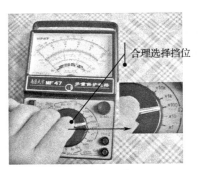

第1步：选择挡位
（a）选择倍率（挡位）

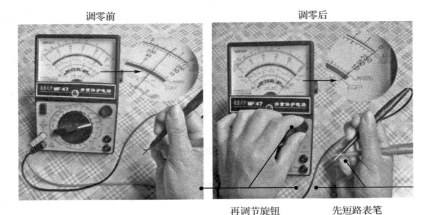

第2步：欧姆调零
（b）欧姆调零

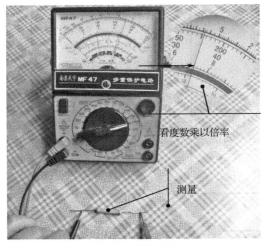

第3步：测量与读数
（c）测量电阻并读数

图1-39 电阻测试示例

（1）选择量程倍率

万用表的欧姆挡通常设置多量程，一般有 R×1Ω、R×10Ω、R×100Ω、R×1kΩ 及 R×10kΩ

五挡量程。欧姆刻度线是不均匀的（非线性），为减小误差，提高精确度，应合理选择量程，使指针指在刻度线的1/3～2/3，选择量程倍率如图1-39（a）所示。

（2）欧姆调零

选择量程后，应将两表笔短接，同时调节"欧姆调零旋钮"，使指针正好指在欧姆刻度线右边的零位置。若指针调不到零位，可能是电池电压不足或其内部有问题。

每选择一次量程，都要重新进行欧姆调零，欧姆调零如图1-39（b）所示。

（3）读数

测量时，待表针停稳后读取读数，然后乘以倍率，就是所测之电阻值，读数如图1-39（c）所示。

2. 数字式万用表检测普通电阻

数字式万用表检测普通电阻如图1-40所示。

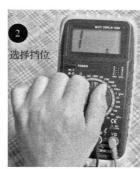

图1-40　数字式万用表检测普通电阻示意图

打开万用表电源开关（电源开关调至"ON"位置），万用表的挡位开关转至相应的电阻挡上，再将两表笔跨接在被测电阻的两个引脚上，万用表的显示屏即可显示出被测电阻的阻值。

数字式万用表测电阻一般无须调零，可直接测量。如果电阻值超过所选挡位值，则万用表显示屏的左端会显示"1"，这时应将开关转至较高挡位上。

1.8.2　现场操作2——电位器（或微调电阻）的检测

检查电位器时，首先要转动旋柄，看看旋柄转动是否平滑，开关是否灵活，开关通、断时"喀哒"声是否清脆，并听一听电位器内部接触点和电阻体摩擦的声音，如有"沙沙"声，说明质量不好。

用万用表测试时，先根据被测电位器阻值的大小，选择好万用表的合适电阻挡位，然后用万用表的欧姆档测"1""3"两端，其读数应为电位器的标称阻值，如万用表的指针不动或阻值相差很多，则表明该电位器已损坏。电位器测量如图1-41所示。

检测电位器的活动臂与电阻片的接触是否良好。用万用表的欧姆挡测"1""2"（或"2""3"）两端，将电位器的转轴按逆时针方向旋至接近"关"的位置，这时电阻值越小越好。再顺时针慢慢旋转轴柄，电阻值应逐渐增大，表头中的指针应平稳移动。当轴柄旋至极端位置"3"时，阻值应接近电位器的标称值。如万用表的指针在电位器的轴柄转动过程中有跳动现象，说明活动触点出现了接触不良的故障。

对于开关电位器除应进行上述测量外，还应检查开关部分是否良好，当将开关接通时，开关的两个端子之间阻值应为零；当将开关断开时，开关的两个端子之间阻值应为无穷大，说明开关良好。电位器带开关的测量如图1-42所示。

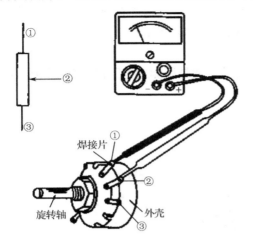

图1-41 电位器测量示意图

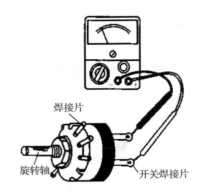

图1-42 电位器带开关的测量示意图

1.8.3 现场操作3——特殊电阻的检测

特殊电阻的检测一般分为两个步骤：一是常温下电阻值；二是特性电阻值。热敏电阻的特性电阻是加热时的电阻值；同样道理，光敏电阻的特性电阻是亮暗时的电阻值，湿敏电阻的特性电阻是干湿时的电阻值，等等。下面以热敏电阻的检测为例。

第一步测量常温电阻值。将万用表置于合适的欧姆挡（根据标称电阻值确定挡位），用两表笔分别接触热敏电阻的两引脚测出实际阻值，并与标称阻值相比较，如果二者相差过大，则说明所测热敏电阻性能不良或已损坏，常温下热敏电阻的检测如图1-43（a）所示。

（a）常温下检测　　　　　　　　　　（b）升温下检测

图1-43 热敏电阻的检测

第二步测量温变时（升温或降温）的电阻值。在常温测试正常的基础上，即可进行升温或降温检测。升温检测热敏电阻示意图如图1-43（b）所示。用手捏住热敏电阻测电阻值，观察万用表示数，此时会看到显示的数据随温度的升高而变化（NTC是减小，PTC是增大），表明电阻值在逐渐变化。当阻值改变到一定数值时，显示数据会逐渐稳定。测量时若环境温度接近体温，可用电烙铁靠近或紧贴热敏电阻进行加热。

1.9 电阻总结

现将电阻的相关知识总结于表 1-7，以便于掌握和记忆。

表 1-7 电阻总结

序 号	电 阻 总 结
1	电阻具有分压作用，在采用电阻分压的电路中，电阻通常采用串联的方式进行连接。电路也可以通过串联电阻来达到降压的目的
2	电阻具有分流、限流的作用。电阻并联可以起到分流作用
3	电阻有上拉、下拉、取样、反馈、启动、泄放的作用
4	热敏电阻根据其特性可分为正温度系数热敏电阻和负温度系数热敏电阻
5	压敏电阻是一种在某一特定电压范围内其电导随电压的增加而急剧增大的敏感元件。主要用于电路的过压保护，是家用电器中的"安全卫士"
6	光敏电阻、气敏电阻、湿敏电阻通常应用于传感器电路或检测电路
7	保险电阻又叫安全电阻或熔断电阻，是一种兼电阻器和熔断器双重作用的功能元件
8	在电路原理图中，固定电阻通常用"R"表示，可变电阻用"W"表示
9	电阻的主要参数有标称阻值、额定功率和允许误差等级等
10	电阻阻值表示方法主要有四种：直标法、文字符号法、色标法和数码表示法
11	贴片电阻外形的最大特点是两端为银白色，中间大部分为黑色
12	普通电阻的检测分为三步：选择倍率（挡位）、欧姆调零、测量电阻并读数
13	特殊电阻的检测一般分为两个步骤：一是常温下电阻值；二是特性电阻值

第 2 章 电容的应用、识别与检测

电容器是最常见的电子器件之一,通常简称电容。电容是两个金属导体中间填充绝缘物质,从两个金属导体分别引出两个引线构成的。

2.1 电容的应用

2.1.1 电容的滤波、退耦

1. 电容的滤波

用在滤波电路中的电容称为滤波电容,电容滤波电路是用得最多也是最简单的滤波电路,电容滤波电路原理图如图 2-1 所示。

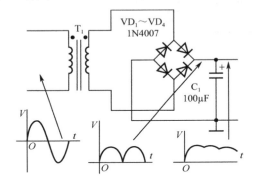

图 2-1 电容滤波电路原理图

在整流电路($VD_1 \sim VD_4$)的输出端并联一较大容量的电解电容 C_1,利用电容对电压的充放电作用,使输出电压趋于平滑。该形式的滤波电路多用于小功率的电源电路中。

2. 电容的退耦

用在退耦电路中的电容称为退耦电容。在多级放大器的直流电压供给电路中或集成电路中使用这种电容电路,退耦电容可以消除各级放大器之间的有害成分。退耦电容原理图如图 2-2 所示,图 2-2(a)中的 C,图 2-2(b)中的 C_1 为退耦电容。

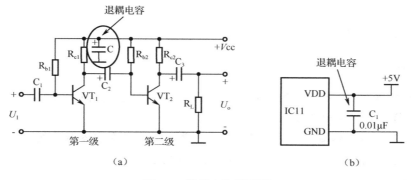

图 2-2 退耦电容原理图

2.1.2 电容的耦合、通交隔直

在阻容耦合放大器和其他电容耦合电路中大量使用耦合电容，耦合电容起到通交流隔直流的作用。耦合电容原理如图 2-3 所示，图中的 C_1、C_2、C_3 都是耦合电容。

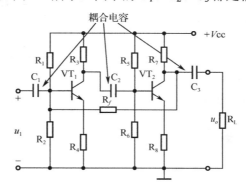

图 2-3 耦合电容原理图

2.1.3 电容的储能、放电

电容的储能、放电电路原理如图 2-4 所示，这是一款电磁炉的单片机复位电路。上电开机时，由于电源电压刚建立，VT_3 不足以导通，随着开机时间的延长，电源电压趋于稳定，使稳压管 Z_1 击穿导通，导致 VT_3 导通，其集电极电压在 C_7 上充电，充满后 C_7 开始放电送至单片机的 13 脚，从而使 13 脚从低电平变为高电平以完成复位，其中 R_4 为关机放电电阻，为下次开机提供快速复位。

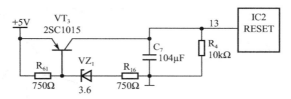

图 2-4 电容的储能、放电电路原理图

2.1.4 电容分压、降压

1. 电容分压

由于电容对交流电会产生容抗，容抗的性质与电阻的阻抗类似，因此，将几个电容串联在一起时，同样也会产生分压作用。

图 2-5 所示是示波器输入电路中的衰减器，为了减小分布电容对输入阻抗的影响，每一分压电阻均与分压电容并联。图中的 $C_1 \sim C_4$ 为分压电容。

2. 电容降压

由于电容具有容抗的作用，因此可以在一些要求简单的电路中对交流市电进行降压，如图 2-6 所示，C_1 就是降压电容。

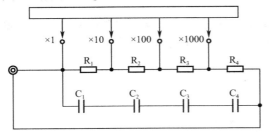

图 2-5 分压电容应用电路

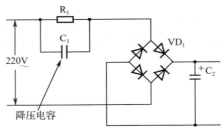

图 2-6 电容降压电路原理图

2.1.5 电容的谐振、调谐

1. 电容的谐振

电磁炉的振荡电路原理图如图 2-7 所示。振荡电路是整个电路的核心，主要由振荡线圈（L_1）、谐振电容（C）、IGBT 等组成。通过 IGBT 的高速开关形成 LC 振荡（一般频率 20~30kHz），LC 振荡电路波形如图 2-8 所示，振荡过程如下。

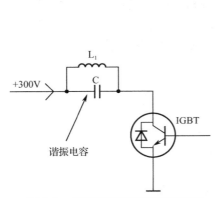

图 2-7 电磁炉的振荡电路原理图

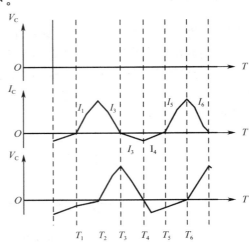

图 2-8 LC 振荡电路波形图

(1) $T_1 \sim T_2$ 期间：当电路中 IGBT 控制极（G）为高电平时，IGBT 饱和导通，电流 I_1 从电源流过加热线盘，电能转换为磁能存储在线盘上。

(2) $T_2 \sim T_3$ 期间：当电路中 IGBT 控制极（G）为低电平时，关断 IGBT，由于电感不允许有电流突变，电流 I_2 流向电容 C_3，能量转移到 C_3，电流 I_2 减到最小时，即加热线盘的能量全部放完时，V_C 达到最高。

(3) $T_3 \sim T_4$ 期间：电容开始通过加热线盘放电，此时电流 I_3 为负向，电容的能量转移至线盘上，V_C 最低时，反向电流 I_3 最大。

(4) $T_4 \sim T_5$ 期间：此时 IGBT 再次导通，但由于感抗的作用，不允许电流突变，负向电流 I_4 继续向电容 C_3 充电直至其为 0。所以，在一个振荡周期内，线盘与振荡电容不停地进行充电和放电，产生振荡波形。

因此，在一个周期内，$T_2 \sim T_3$ 的电流 I_2 是线盘磁能对电容 C_3 的充电电流，$T_3 \sim T_4$ 电流 I_3 为逆程脉冲峰压通过 L 放电的电流，$T_4 \sim T_5$ 电流 I_4 是线盘两端的电动势反向时形成的阻尼电流，因此，IGBT 的导通电流实际是电流 I_1。

IGBT 电压变化：在静态时，V_C 为输入电源经过整流、滤波后的直流电源（+300V 左右）。$T_1 \sim T_2$ 期间，IGBT 管饱和导通，V_C 接近低电位；$T_4 \sim T_5$ 期间，V_C 为负压；$T_2 \sim T_4$ 期间，即 LC 自由振荡的半个周期，V_C 上出现峰值电压，在 T_3 时 V_C 达到最大值。

2. 电容的调谐

调谐简单地说就是选台，即选择频率。图 2-9 是一个 8 管收音机的变频级的电容调谐。变频级主要由三极管 VT_1，双连电容器 C_{1-A}、C_{1-B}，微调电容器 C_{1-a}、C_{1-b}，电阻器 R_1、R_2、R_3，电容器 C_2、C_3，二极管 BG_9，天线线圈 T_1，振荡线圈 T_2 及中频变压器 T_3 等组成。VT_1 为混频和放大，C_{1-A}、C_{1-a} 和 T_1 的初级组成 LC 选频调谐回路；C_{1-B}、C_{1-b} 和 T_2 的初级组成 LC 本机振荡回路；T_3 的初级和槽路电容组成中频 LC 选频回路；R_1、R_2、BG_9 组成偏置电路；C_2 为高频旁路电容；C_3 为耦合电容。图中的 C_{1-A}、C_{1-a} 两只电容就是调谐电容，C_{1-B}、C_{1-b} 两只电容就是振荡电容。

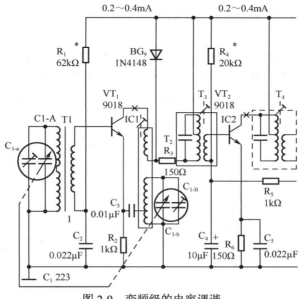

图 2-9 变频级的电容调谐

2.1.6 X电容、Y电容

安规电容分为 X 电容和 Y 电容,它们主要用于 EMI/RFI 抑制中。EMI 是电磁干扰的简称,RFI 是射频干扰的简称。

EMI 滤波器设置在 220V 交流市电进线与整流电路之间,用来滤除市电电网中电压的瞬变和高频干扰,同时也防止开关电源中的开关管产生的高频干扰传输到市电电网中,形成对其他用电设备的高频干扰。

EMI 滤波器的电路原理图如图 2-10 所示。图中 C_1、C_2 为 Y 电容。设电源输入线上火下零,则火线上的共模高频干扰信号通过 Y 电容 C_1 到地,零线上的共模高频干扰信号通过 Y 电容 C_2 到地,这样共模高频干扰信号就不能加到后级电路中,达到了抑制共模干扰信号的目的。

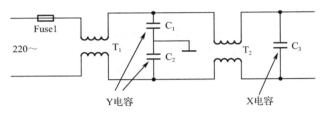

图 2-10 EMI 滤波器中的电路原理图

图中的电容 C_3 为 X 电容,由于高频干扰信号频率比较高,C_3 对高频干扰信号的容抗小,这样差模高频干扰信号通过 X 电容 C_3 组成回路,而不能加至后级的电路中,从而达到消除差模高频干扰信号的目的。

2.1.7 微分电容、积分电容

1. 微分电容

微分电路如图 2-11 所示,图中的电容 C_1 就是微分电容。微分电路中要求 RC 电路中的时间常数远小于脉冲宽度 T_X,从波形图中可以看出微分电路将输入的矩形脉冲信号变成了尖顶脉冲。微分电路能够取出输入信号中的突变成分,即取出输入信号中的高频成分,去掉低频成分。

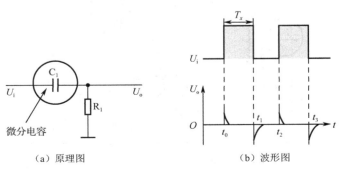

(a) 原理图   (b) 波形图

图 2-11 微分电路

2. 积分电容

积分电路如图 2-12 所示，图中的电容 C_1 就是积分电容。在积分电路中，要求 RC 电路中的时间常数远大于脉冲宽度 T_X，从波形图中可以看出输入的是矩形波，输出的是锯齿波，积分电路能够提取输入信号的平均值，即低频成分。

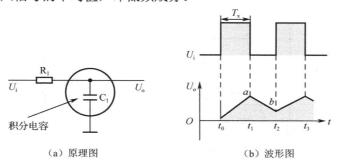

图 2-12 积分电路

2.1.8 分频电容

音响电路中常有分频电路，分频电路原理图如图 2-13 所示。图 2-13（a）电路中的 C_2 就是分频电容，这是二分频电路。从功率放大器输出端输出的是全频域音频信号，既有低频信号也有中音、高音信号，由于有分频的存在（容量合理地设计），它对低音、中音的容抗大，这样低音、中音信号就不能通过 C_2 送至高音扬声器 LS2，而只能通过低音扬声器 LS1 放音了。

图 2-13（b）所示是用两个电解电容 C_1、C_2 反极性串联组成无极性电容，这个无极性电容就起到分频的作用。

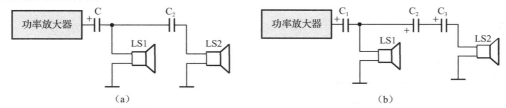

图 2-13 分频电路原理图

2.1.9 电容的旁路、中和

1. 电容的旁路

如图 2-14 所示是分压式放大电路，图中的 C_3 就是旁路电容。C_3 容量大，容抗就小，容抗比 R_4 小得多，所以交流信号电流不流过 R_4，而是通过 C_3 到地的，R_4 上没有交流电压降，即 C_3 把交流电压降旁路到地了。

2. 电容的中和

一般在中频放大电路中，为消除寄生振荡，利用人为的外部反馈电流和晶体管内极间电容造成的反馈电流大小相等、相位相反、互相抵消的办法，来克服极间电容造成的影响。

如果没有中和电容就会造成寄生振荡，主要是影响中频放大电路工作的稳定性。电容的中和电路原理图如图 2-15 所示，图中的 C_2 就是中和电容。

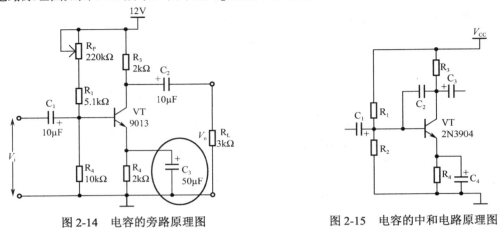

图 2-14　电容的旁路原理图　　　　图 2-15　电容的中和电路原理图

2.2　电容的识别

2.2.1　电容的分类

电容的分类如图 2-16 所示。

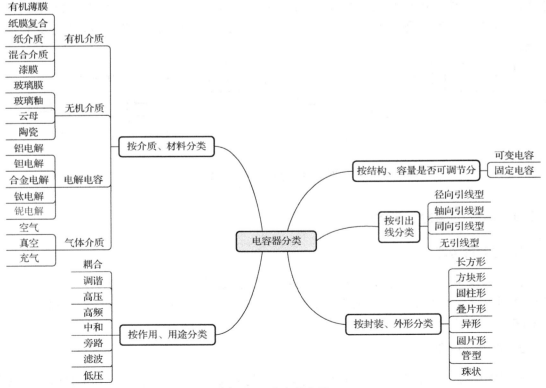

图 2-16　电容的分类

电容种类繁多，分类方式有多种：按容量是否可调可分为固定电容器、可变电容器、微调电容器；按极性可分为无极性电容、有极性电容；按介质材料可分为有机介质电容、无机介质电容、气体介质电容、电解质电容等。

2.2.2 电容外形的识别

1. 通孔固定电容外形的识别

部分通孔固定电容的外形、特点见表2-1。

表2-1 部分通孔固定电容的外形、特点

种 类	外 形	特 点
纸介电容		纸介电容属于无极性、有机介质电容，一般是用两条金属箔作为电极，中间用电容纸隔开重叠卷绕而成的。纸介电容制造工艺简单、价格低、体积大、损耗大、稳定性差，并且存在较大的固有电感，不宜在频率较高的电路中使用。 纸介油浸电容（CZJ）电容体积较大，容量也较大，一般为铁壳密封式封装，耐压值较大。 金属化纸介电容（CB）外壳为塑壳，耐压值较高，通常≥400V
高频磁介电容（CC）		磁介电容属于无极性、无机介质电容，以陶瓷材料为介质制作的电容。磁介电容体积小、耐热性能好、绝缘电阻高、稳定性较好，主要用于高频信号耦合、振荡、变频机高频退耦电路
涤纶电容（CL）		涤纶电容属于无极性、有机介质电容，以涤纶薄膜为介质，金属箔或金属化薄膜为电极制成的电容。涤纶电容体积小、容量大、成本较低，绝缘性能好、耐热、耐压和耐潮湿的性能都很好，但稳定性较差，适用于稳定性要求不高的电路。 主要用于旁路等电路中，进行要求不高的或低频信号的传输
玻璃釉电容		玻璃釉电容属于无极性、无机介质电容，使用的介质一般是玻璃釉粉压制的薄片，通过调整釉粉的比例，可以得到不同性能的电容。玻璃釉电容介电系数大、耐高温、抗潮湿强、损耗低
云母电容（CY）		云母电容属于无极性、无机介质电容，以云母为介质，有损耗小、绝缘电阻大、温度系数小、电容量精度高、频率特性好等优点，但成本较高、电容量小，适用于高频线路
薄膜电容		薄膜电容属于无极性、有机介质电容。薄膜电容是以金属箔或金属化薄膜当电极，以聚乙酯、聚丙烯、聚苯乙烯或聚碳酸酯等塑料薄膜为介质制成。薄膜电容具有体积小、容量大、稳定性比较好、绝缘阻抗大、频率特性优异（频率响应宽广）等特点，而且介质损失很小。薄膜电容广泛使用在模拟信号的交连、电源噪声的旁路、谐振等电路中

(续表)

种 类	外 形	特 点
铝电解电容（CD）		铝电解电容属于有极性电容，以铝箔为正极，铝箔表面的氧化铝为介质，电解质为负极制成的电容。铝电解电容体积大、容量大，与无极性电容相比绝缘电阻低、漏电流大、频率特性差、容量与损耗会随周围环境和时间的变化而变化，特别是在温度过低或过高的情况下，长时间不用还会失效。铝电解电容仅限于低频、低压电路
钽电解电容（CTA）		钽电解电容是用特殊烧结工艺法将金属钽变为电解质，内部无电解液。这类电容具有热稳定性好（可工作在-40℃～70℃温度环境中）、频率特性值高、损耗小、寿命长的特性。有圆筒形、水滴形、贴片型等多种外形。常用于低频振荡、信号传输电路，在计算机主板上大量使用
无极性薄膜电容器（MKP）		无极性薄膜电容器属于无极性、有机介质电容，以聚苯乙烯薄膜为介质，金属箔或金属化薄膜为电极制成的电容。该电容器具有成本低、损耗小、精度高、绝缘电阻大、温度系数小、耐低温、高频特性较差等特点，充电后的电荷量能保持较长时间不变

2. 通孔可调电容外形的识别

部分通孔可调电容的外形、特点如表2-2所示。

表2-2 部分通孔可调电容的外形、特点

种 类	外 形	特 点
单联可变电容		单联可变电容由两组平行的铜或铝金属片组成，一组是固定的（定片），另一组固定在转轴上，是可以转动的（动片）。动片随转轴转动时，可旋转进入定片的空隙内，两个极板的相对面积发生变化，电容的电容量也随之变化
双联可变电容		双联可变电容是由两个单联可变电容组合而成，有两组定片和两组动片，动片连接在同一转轴上。调节时，两个可变电容的电容量同步调节
空气可变电容		空气可变电容的定片和动片之间的电介质是空气。特点是制作方便，具有成本低、绝缘电阻大、损耗小、稳定性好、高频特性好、静电噪声小、体积较大等特点
有机薄膜可变电容		有机薄膜可变电容的定片和动片之间填充的电介质是有机薄膜。特点是体积小、成本低、容量大、温度特性较差等

(续表)

种类	外形	特点
微调电容		微调电容又叫半可调电容，电容量可在小范围内调节

3. 贴片电容外形的识别

部分贴片电容的外形、特点如表 2-3 所示。

表 2-3 部分贴片电容的外形、特点

种类	外形	特点
贴片多层陶瓷电容		贴片多层陶瓷电容内部为多层陶瓷组成的介质层，为防止电极材料在焊接时受到侵蚀，两端头外电极由多层金属结构组成
贴片铝电解电容		贴片电解电容由阳极铝箔、阴极铝箔和衬垫材料卷绕而成
贴片钽电解电容		贴片钽电解电容有矩形的，也有圆柱形的，封装形式有裸片型、塑封型和端帽型三种，以塑封型为主。它的尺寸比贴片式铝电解电容器小，并且性能好。如漏电小、负温性能好、等效串联电阻小、高频性能优良
贴片微调电容		电容量可在小范围内调节

普通贴片电容的两端一般是银白色，中间为褐色，如图 2-17 所示。贴片电容多为灰色、黄色、青灰色（电解电容也有用红色的），见得多的就是比纸板箱浅一点的黄色，有的贴片电容上面没有印字，主要是因为其经过高温烧结而成，无法在它表面印字（而贴片电阻是丝印而成，有一定的印刷标记）。

贴片电容中只有贴片钽电容是黑色的，并且贴片钽电容一般用在精密电器上。

图 2-17 普通贴片电容

4. 极性电容识别

（1）通孔式有极性电容的识别

有极性电容一般为铝电解电容和钽电解电容，极性的识别较为重要，其识别方法如下：通孔式有极性电容引线较长的为正极，若引线无法判别则根据标记判别，铝电解电容标记负号一边的引线为负极，钽电解电容正极引线有标记，如图 2-18 所示。

图 2-18 通孔式有极性电容的极性

(2) 贴片有极性电容的识别

贴片电解电容一般是钽贴片电容，而贴片元件要紧贴电路板，对温度稳定性要求高，铝电解电容不适用。钽贴片电容一般是黄色方形的，贴片式有极性钽电解电容的顶面有一条黑色线或白色线，是正极性标记，顶面还有电容容量代码和耐压值，如图 2-19 所示。

贴片有极性铝电解电容的顶面有一黑色标志，是负极性标记，顶面还有电容容量和耐压。铝贴片电容一般是银白色圆形的。铝贴片电解电容外形结构如图 2-20 所示。

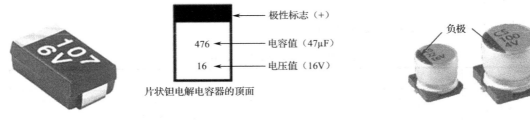

图 2-19 钽贴片有极性电容的识别　　　　图 2-20 铝贴片电解电容外形结构

2.2.3 电容符号的识别

在电路原理图中电容用字母"C"表示，常用电容在电路原理图中的符号如图 2-21 所示。

(a) 普通电容　(b) 电解电容　(c) 可变电容　(d) 微调电容　(e) 双联可变电容

图 2-21 电容的符号

电容量大小的基本单位是法拉（F），简称法。常用单位还有毫法（mF）、微法（μF）、纳法（nF）、皮法（pF），它们的换算关系如下。

$$1pF=10^{-3}nF=10^{-6}\mu F=10^{-9}mF=10^{-12}F$$

在电路原理图和印制电路板图中，电容的标号形式与电阻相类似，电容的标号如图 2-22 所示。

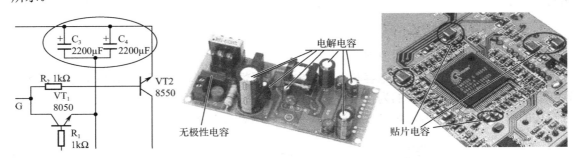

图 2-22 电容在电路原理图和印制电路板图中的标号

2.2.4 电容的命名方法

国产通孔固定电容的型号命名法一般由四部分组成，其组成如图 2-23 所示，各部分的主要含义见表 2-4。

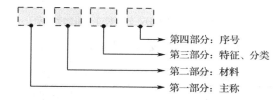

图 2-23 国产通孔固定电容的型号命名法

表 2-4 电容型号命名法

第一部分：主称		第二部分：材料		第三部分：特征、分类						第四部分：序号
符号	意义	符号	意义	符号	意义					
					瓷介	云母	玻璃	电解	其他	
C	电容器	C	瓷介	1	圆片	非密封	—	箔式	非密封	对主称、材料相同，仅尺寸、性能指标略有不同，但基本不影响互使用的产品，给予同一序号；若尺寸性能指标的差别明显，影响互换使用时，则在序号后面用大写字母作为区别代号
		Y	云母	2	管形	非密封	—	箔式	非密封	
		I	玻璃釉	3	迭片	密封	—	烧结粉固体	密封	
		O	玻璃膜	4	独石	密封	—	烧结粉固体	密封	
		Z	纸介	5	穿心	—	—	—	穿心	
		J	金属化纸	6	支柱	—	—	—	—	
		B	聚苯乙烯	7	—	—	—	无极性	—	
		L	涤纶	8	高压	高压	—	—	高压	
		Q	漆膜	9	—	—	—	特殊	特殊	
		S	聚碳酸酯	J	金属膜					
		H	复合介质	W	微调					
		D	铝							
		A	钽							
		N	铌							
		G	合金							
		T	钛							
		E	其他							

电容命名示例如下。

（1）CD-12：铝电解电容（箔式），序号为 12。

（2）CC1-3：圆片形瓷介电容，序号为 3。

国产可变电容器型号命名方法一般由六部分组成，如图 2-24 所示。各部分代号的意义见表 2-5。

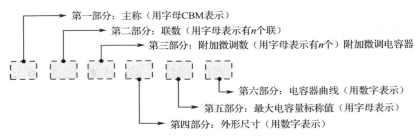

图 2-24 国产可变电容器型号命名方法

表 2-5 国产薄膜介质可变电容器型号中代表的含义

主称	附加微调器数	外形尺寸（mm×mm）		最大电容器标称值（pF）			电容器曲线
		代号	含义	代号	含义	说明	
用字母CBM表示，其中，C代表电容器，B代表可变，M代表薄膜介质	用微调电容器个数的数字表示，不带微调电容器的，用"0"表示	1	30×30	A	340	适用于调幅联、等容电容器	用数字表示，与标准推荐曲线相同的不加代号
		2	25×25	B	270		
		3	20×20	C	170		
		4	17.5×17.5	D	100		
				P	60	适用于调幅联、差容电容器，其中 P 对应的调谐联最大容值为 14 pF，Q 对应的调谐联最大容值为 130 pF	
		5	15×15	Q	60		
				F	20	适用于调幅联、差容电容器，20pF 为振荡联最大容值	

注：调频/调幅可变电容器用 A~Q 和 F 字母合用来表示调幅联和调频联的最大电容量标称值，其中 A~Q 字母表示调幅联的最大电容量标称值，F 表示调频联的最大电容量标称值。

2.2.5 电容的主要参数

（1）标称电容量。电容的标称容量是指标注在电容表面的电容量。固定式电容器标称容量系列和容许误差见表 2-6。

表 2-6 固定式电容器标称容量系列和容许误差

系列代号	E24	E12	E6
容许误差	±5%（I）或（J）	±10%（II）或（K）	±20%（III）或（M）
标称容量对应值	10，11，12，13，15，16，18，20，22，24，27，30，33，36，39，43，47，51，56，62，68，75，82，90	10，12，15，18，22，27，33，39，47，56，68，82	10，15，22，23，47，68

注：标称电容量为表中数值或表中数值再乘以 10^n，其中 n 为正整数或负整数，单位为 pF。

（2）耐压。电容的耐压指在允许的环境温度范围内，电容长期安全工作所能承受的最大电压有效值。

常用固定电容的直流工作电压系列为 6.3V、10V、16V、25V、40V、63V、100V、250V、400V、500V、630V 和 1000V 等。

（3）允许误差等级。电容的允许误差等级是电容的标称容量与实际电容量的最大允许偏差范围。电容允许误差等级见表 2-7。

表 2-7 电容允许误差等级

容许误差	±2%	±5%	±10%	±20%	+20% −30%	+50% −20%	+100% −10%
级别	0.2	I	II	III	IV	V	VI

2.2.6 电容表示方法

常用电容的标示方法有下面几种。

1. 直标法

直标法是将电容的标称容量、耐压及偏差直接标在电容体上。例如，4700μF 25V；0.22μF±10%；220MFD（220μF）±0.5%。若是零点零几，常把整数位的"0"省去，如.01μF 表示 0.01μF。电容直标法示意图如图 2-25 所示。

图 2-25 电容直标法示意图

2. 数字表示法

数字表示法是只标数字不标单位的直接表示法。采用此种方法的仅限于单位为 pF 和 μF 两种，一般无极性电容默认单位为 pF，电解电容默认单位为 μF。如电容体上标注"47""5100""0.01"分别表示 47pF、5100pF、0.01μF；电解电容如标注"47""220"则分别表示 47μF 和 220μF。

3. 数码表示法

数码表示法一般用三位数字来表示容量的大小，单位为 pF。其中，前两位为有效数字，后一位表示倍率，即乘以 10^i，i 为第三位数字，若第三位数字 9，则说明该电容的容量在 1～9.9pF，即乘 10^{-1}。如：223J 代表 $22×10^3$pF=22 000pF=0.22μF，允许误差为±5%；又如：479K 代表 $47×10^{-1}$pF，允许误差为±5%的电容。这种表示方法瓷片电容最为常见。电容数码表示法如图 2-26 所示。

4. 色码表示法

色码表示法与电阻器的色环表示法类似，颜色涂于电容器的一端或从顶端向引线排列。色码一般只有三种颜色，前两环为有效数字，第三环为位率，容量单位为 pF。有时色环较宽，如：红红橙，两个红色环涂成一个宽的，表示 22 000pF。

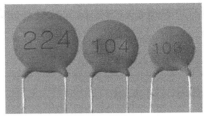

图 2-26 电容数码表示法示意图

5. 字母数字混合表示法

字母数字混合表示法用 2～4 位数字和一个字母表示标称容量，其中，数字表示有效数值，字母表示数值的单位。字母有时既表示单位也表示小数点，如：47n=47×10^{-3}μF=0.047μF；5n9=5.9nF=5900pF。

2.3 现场操作 4——用万用表检测电容

1. 用指针式万用表检测电容

以 MF47 型万用表为例，电容的检测示意图如图 2-27 所示。

图 2-27 电容检测示意图

首先将转换开关旋至被测电容容量大概范围的挡位上（见表 2-8），再将欧姆调零。将被测电容分别接在两表笔上，表针摆动的最大指示值即为该电容的容量。随后表针将逐步退回，表针停止位置即为该电容的品质因数值。

注意：（1）每次测量后应将电容彻底放电后再进行测量，否则测量误差将增大；
（2）有极性电容应按正确极性接入，否则测量误差及电阻损耗将增大。

表 2-8 电容挡位的范围

电容挡位 C（μF）	C×0.1	C×1	C×10	C×100	C×1k	C×10k
测量范围（μF）	1000pF～1μF	0.01μF～10μF	0.1μF～100μF	1μF～1 000μF	10μF～10 000μF	100μF～100 000μF

2. 用数字式万用表检测电容

指针式万用表只能检测电容的好坏（小容量电容的断路性故障不宜判断）及大致估测电容的大小，不能准确测量电容的容量大小，测量电容的容量通常需要电容表、数字万用表及专用的电容测量仪器来测量。

使用数字万用表测量电容的容量具体方法是将数字万用表置于电容挡，根据电容量的大小选择适当挡位，待测电容充分放电后，将待测电容直接插到测试孔内或两表笔分别直接接触进行测量。在数字万用表的显示屏上将直接显示出待测电容的容量。数字万用表检测电容示意图及方法如图 2-28 和图 2-29 所示。

图 2-28　数字万用表检测电容示意图

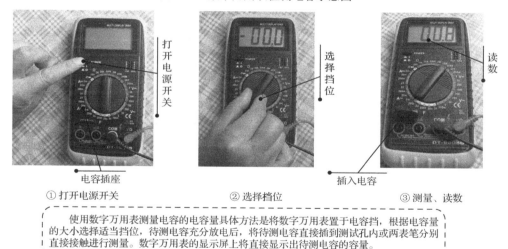

① 打开电源开关　　② 选择挡位　　③ 测量、读数

> 使用数字万用表测量电容的电容量具体方法是将数字万用表置于电容挡，根据电容量的大小选择适当挡位，待测电容充分放电后，将待测电容直接插到测试孔内或两表笔分别直接接触进行测量。数字万用表的显示屏上将直接显示出待测电容的容量。

图 2-29　数字万用表的检测电容方法

2.4　电容总结

现将电容的相关知识总结如表 2-9 所示，以便于掌握和记忆。

表 2-9　电容总结

1	用在滤波电路中的电容称为**滤波电容**，电容滤波电路是用得最多也是最简单的滤波电路
2	在多级放大器的直流电压供给电路中或集成电路中使用退耦电容可以消除各级放大器之间的有害成分

（续表）

3	在阻容耦合放大器和其他电容耦合电路中大量使用耦合电容，耦合电容起到通交流隔直流的作用
4	电容具有滤波、退耦、耦合、储能、放电、分压、降压、谐振、调谐、抗干扰、分频、旁路、中和等作用
5	电容种类繁多，电容的分类方式有多种：按容量是否可调可分为固定电容器、可变电容器、微调电容器；按极性可分为无极性电容、有极性电容；按介质材料可分为有机介质电容、无机介质电容、气体介质电容、电解质电容等
6	普通贴片电容的两端一般是银白色，中间为褐色
7	通孔式有极性电容引线较长的为正极，若引线无法判别则根据标记判别，铝电解电容标记负号一边的引线为负极，钽电解电容正极引线有标记
8	贴片有极性铝电解电容的顶面有一黑色标志，是负极性标记，顶面还有电容容量和耐压。铝贴片电容一般是圆形银白色的
9	电容的主要参数有标称电容量、耐压和允许误差等级等
10	常用电容的标示方法有直标法、数字表示法、数码表示法、色码表示法和字母数字混合表示法等

第 3 章 电感、变压器的应用、识别与检测

前面我们学习了电容，电容会存储电场，那么有没有会存储磁场的元件呢？有，那就是电感！当电流流过一段导线时，在导线的周围会产生一定的电磁场。这个电磁场会对处于这个电磁场中的导线产生作用，我们将这个作用称为电磁感应。为了增加电磁感应的强度，人们常将绝缘导线绕制成线圈，我们把这个线圈称为电感器，简称电感。

3.1 电感的应用

3.1.1 天线线圈、振荡线圈

1. 天线线圈

无线电信号的接收与发射常常要用到天线线圈，天线线圈将接收到的电磁波信号转换为电信号（电压或电流），或把电信号转换为电磁波信号而发射。收音机的接收天线如图 3-1 所示。

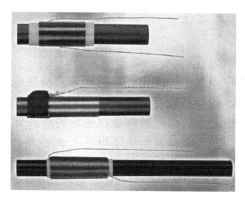

图 3-1 收音机的接收天线

ZX2023 型集成电路收音机由两大单元电路所组成，如图 3-2 中的虚线分隔部分，即高频部分和低频部分。其中，高频单元电路主要由集成电路 D7642 等组成，低频单元电路主要由直耦式放大器（VT_1、VT_2）等组成。单联电容 C 与天线 T 组成高频调谐回路，调谐选频后信

号送至集成电路 D7642。集成电路 D7642 可完成输入信号的阻抗变换、高频放大及检波。输入至 2 脚的调谐信号经其内部处理放大后，从其 3 脚输入音频信号，经电容 C_4 耦合、电位器 RP 调节，从电位器的中心抽头送至低频放大电路。两级直耦放大器 VT_1、VT_2 把音频信号放大后，直接驱动喇叭。

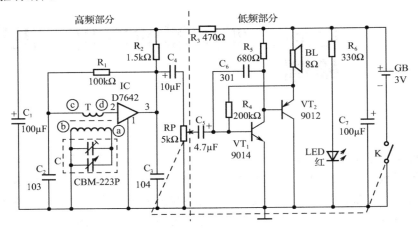

图 3-2　ZX2023 型集成电路收音机

图 3-3 中的 T_1 也是天线的线圈。

2. 振荡线圈

图 3-3 所示是一个 8 管收音机的电路图，第 1 个三极管就是变频级。变频级主要由三极管 VT_1，双连电容器 C_{1-A}、C_{1-B}，微调电容器 C_{1-a}、C_{1-b}，电阻器 R_1、R_2、R_3，电容器 C_2、C_3，二极管 BG_9，天线线圈 T_1，振荡线圈 T_2 及中频变压器 T_3 等组成。

图中 C_{1-B} 和 T_2 的初级组成 LC 本机振荡回路，该振荡频率总比接收频率高一个中频——465kHz，然后经过混频电路进行混频，从而差拍出收音机的中频信号，送至下一级进行进一步放大。

3.1.2　电感的滤波

在滤波电路中，电感的作用在于过滤电流里的噪声，稳定电路中的电流，以防止电磁波干扰。其作用与电容相类似，同样是以存储、释放电路中的电能来调节电流的稳定性，只不过电容是以电场的形式来存储电能，而电感却是以磁场的形式来完成储能的。

在整流电路与负载间串联一个电感就组成了电感 L 滤波器；在电感滤波电路后面再连接一个电容就组成了 LC 型滤波电路；在电容滤波电路后面再连接一个 LC 型滤波器就组成了 LCπ 型滤波电路。电感滤波电路如图 3-4 所示。

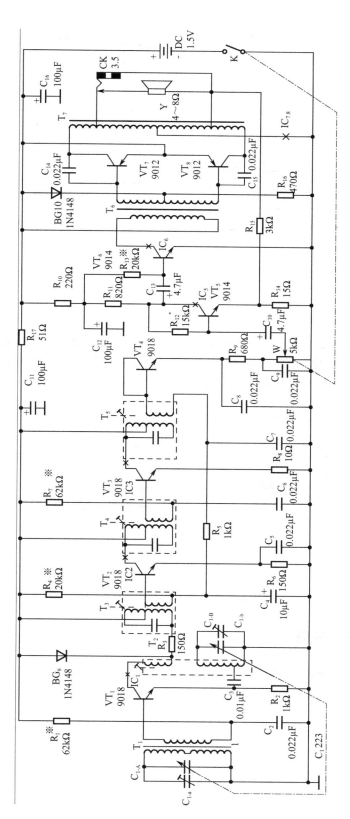

图 3-3　8 管收音机的电路图

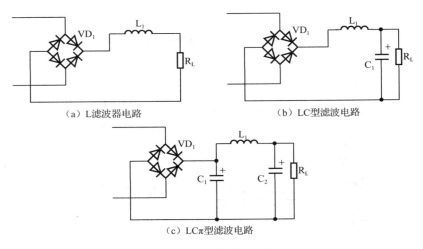

图 3-4 电感滤波电路

3.1.3 电感的谐振

新型电磁炉谐振电路原理图如图 3-5 所示。主要组成元件有谐振电容 C_5、IGBT 管和线圈盘 L。LC 振荡电路是整个电路的核心部分,是电能转换成为电磁能的实现部分。图中 L 是加热线圈(励磁线圈),它与谐振电容 C_5 并联组成 LC 谐振电路。

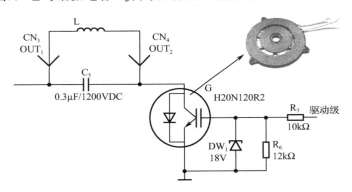

图 3-5 谐振电路原理图

3.1.4 电感的共模、差模

在交流市电中存在共模和差模两种高频干扰信号,对于共模干扰就需要用共模电感来抑制,图 3-6(a)所示的 L_1、L_2 就是共模电感,图 3-6(b)所示 L_3、L_4 是差模电感。

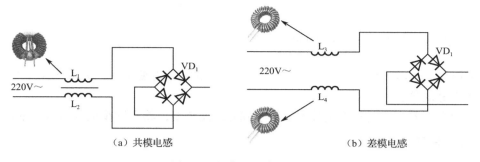

图 3-6　电感的共模、差模

3.2　变压器的应用

3.2.1　中频变压器的应用

图 3-3 所示是一个 8 管收音机的电路图,第 2、3 个三极管就是中频级。中放 I 级主要由三极管 VT_2,电阻器 R_4、R_5、R_6,电容器 C_4、C_5,中周 T_4 等组成。VT_2 为中放 I 级放大;R_4、R_5、R_6 为偏置电路;C_4、C_5 为高频旁路;T_4 的初级和槽路电容组成中频 LC 选频回路。

中放 II 级主要由三极管 VT_3,电阻器 R_7、R_8,电容器 C_6,中周 T_5 等组成。VT_3 为中放 II 级放大;R_7、R_8 为偏置电路;C_6 为高频旁路;T_5 的初级和槽路电容组成中频 LC 选频回路。

图中 T_3、T_4、T_5 为中频变压器,中频变压器的初级与槽路电容并联组成 LC 选频回路,即选择 465kHz 信号可以通过,其他信号不能通过。中频变压器的外形如图 3-7 所示。

图 3-7　中频变压器的外形

3.2.2　音频输入、输出变压器的应用

在收音机或功放电路中常常要用到音频输入、输出变压器,如图 3-3 所示电路中,T_6 是音频输入变压器,T_7 是音频输出变压器。音频输入、输出变压器的主要作用是变换前、后级的阻抗、信号倒相及隔直流通交流,因为只有在电路阻抗匹配的情况下,音频信号的传输损耗及其失真才能减少到最小。

音频变压器的外形如图 3-8 所示。

实践证明,当变压器的次级负载阻抗发生变化时,初级的阻抗会立即受次级的反射而改变。因此,如果当变压器的次级负载阻抗取为定值时,对不同的线圈比其次级阻抗所反射到初级的阻抗也是各不相同的,这说明变压器具有变换阻抗的作用。

图 3-8　音频变压器的外形

3.2.3 变压器降压、升压的应用

普通电源变压器的作用是将 50Hz、220V 交流电压降低或升高，变成所需的各种交流电压，因此也是低频变压器。

在电源变压器中，通常将匝数多的绕组称为高压绕组；将匝数少的绕组称为低压绕组。

1. 变压器降压的应用

电子产品所需的直流工作电压通常比较低，几伏或几十伏，可是我国交流电市电的电压为 220V，因此，在许多电源电路中，一般是采取降压变压器对市电进行降压，然后再进行整流，如图 3-9 所示就是最简单的变压器（T）降压电路。

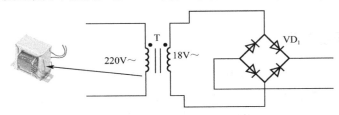

图 3-9 变压器（T）降压电路

2. 变压器升压的应用

变压器除可以将电压降低供用电器使用外，也可以将电压升高以满足不同的电路需要。由于变压器通常是用来降压的，因此用来升压的变压器通常又称为逆变变压器，用来将电压升高的电路称为逆变电路。

图 3-10 为逆变电路原理图，VT_5、VT_6 组成激励级，$VT_1 \sim VT_4$ 组成功率放大级。VT_5、VT_6 将前级送来的低电压信号放大至 0～12V，然后送至 $VT_1 \sim VT_4$，$VT_1 \sim VT_4$ 轮流导通，将低电压、大电流的交变信号通过变压器的低压绕组后，在变压器的高压绕组上感应出高压交流电压，从而完成直流到交流的转换。

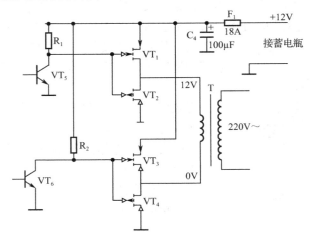

图 3-10 逆变电路原理

3.2.4 开关、行输出变压器的应用

1. 开关变压器的应用

在开关电源电路中必然少不了开关变压器，开关变压器不同于一般工频电源变压器，因为它的工作频率较高，一般在几万赫兹以上，其工作方式是在脉冲状态下，铁芯采用的是高频磁芯。机顶盒开关电源工作原理如图3-11所示，工作原理如下。

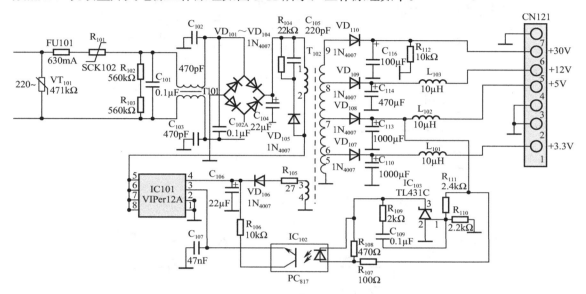

图 3-11 机顶盒开关电源工作原理图

220V 市电经保险管（FU101）、抗浪涌电路（R_{101}、R_{102}、R_{103}、C_{101}、T_{101}、C_{102}、C_{103}、C_{102A}）送至整流桥（$VC_{101} \sim VD_{104}$）整流，整流后经 C_{104} 滤波，得到大约 210V 的直流电压。该直流高压直接送至开关变压器 T_{102} 的 1 脚—2 脚—开关模块 IC_{101} 的 5～8 脚，使 VIPer12A 得电而启动工作。一旦 VIPer12A 开始工作，开关变压器就有感应电动势，开关变压器的 3～4 脚绕组的反馈信号就送至开关模块的 4 脚，使开关电路的振荡持续下去。此后，开关变压器的各个次级绕组就有交变电流输出。

开关变压器次级绕组 9 脚输出的脉冲电压经 VD_{110} 整流，C_{116}、R_{112} 滤波，得到+30V 电压；绕组 8 脚输出的脉冲电压经 VD_{109} 整流，C_{114}、L_{103} 滤波，得到+12V 电压；绕组 7 脚输出的脉冲电压经 VD_{108} 整流，C_{113}、L_{102} 滤波，得到+5V 电压；绕组 6 脚输出的脉冲电压经 VD_{107} 整流，C_{110}、L_{101} 滤波，得到+3.3V 电压。这些电压都由插座 CN_{121} 送至机顶盒的相关电路中。

2. 行输出变压器的应用

行输出变压器又称一体化行输出变压器或行变，一般用在电视机或显示器的行扫描电路中，它是将行逆程反峰电压经过升压再经过整流和滤波后，得到显像管及其他电路所需的各种电压，如灯丝电压、第一加速极电压、高压电压、聚焦电压、视放级电压等。长虹 SF2111 机型行输出变压器电路原理如图3-12所示。

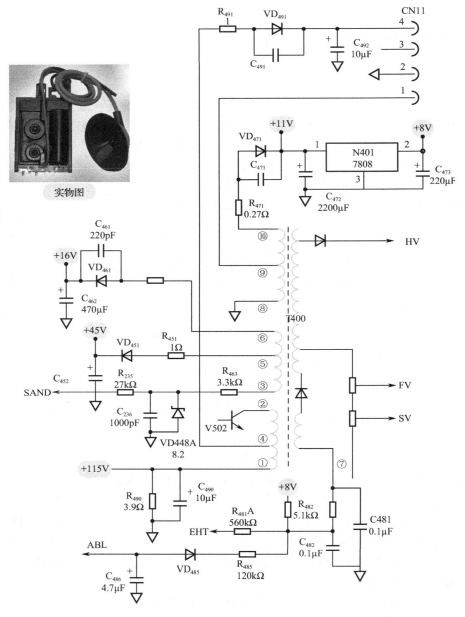

图 3-12 行输出变压器电路原理图

行输出变压器各引脚功能见表 3-1。

表 3-1 行输出变压器各引脚功能

行输出变压器各引脚功能		
引脚号	引脚符号	各引脚功能
1	+B	主电源（+B=115V）电压输入端
2	H-COIL	行输出管（开关管）供电，接行输出管集电极
3	SAND	行逆程脉冲（以产生沙堡脉冲）输出

(续表)

引脚号	引脚符号	各引脚功能
4	+190V	末级视放电源
5	+45V	+45V 场输出供电电源
6	+15V	+15V 低压电源
7	ABL 与 EHT	ABL（自动亮度限制）与 EHT（行高压检测）输出
8	GND	接地端
9	HENT	灯丝电压
10	+11V（+8V）	+11V 和+8V 低压电源
11	HV	高压输出
12	FV	聚焦电压输出

注：引脚符号与整机图纸有些差别，请注意区别。

行输出变压器各引脚输出电压或信号情况如下。

（1）3 脚行逆程脉冲经 R_{463} 限流、VD448A 稳压、C_{236} 滤波，通过 R_{235} 送至芯片 34 脚，以产生"沙堡脉冲"。

（2）4 脚行逆程脉冲经 R_{491} 限流、VD_{491} 整流、C_{492} 滤波后得到+190V 的直流电压，通过插排 CN11 的 4 脚送至末级视放电路，为该电路供电。

（3）5 脚行逆程脉冲经 R_{451} 限流、VD_{451} 整流、C_{452} 滤波后得到+45V 的直流电压，送至场输出级，为场输出级供电。

（4）6 脚行逆程脉冲经 R_{461} 限流、VD_{461} 整流、C_{462} 滤波后得到+15V 的直流低压电源。

（5）7 脚行逆程脉冲分两路输出，一路为 ABL（自动亮度限制）电路检测，送至芯片 49 脚。在彩电中，彩色显像管的第二阳极高压通常都在 20kV 以上，三电子束的总电流接近 1mA，因此耗散功率较大，若束流超过额定值太多，会引起高压电路过负荷，使高压整流元器件寿命变短，甚至损坏；也会使彩管荧光粉受电子束过量轰击而大大缩短寿命。为此，彩电要设置 ABL 电路来防止这种现象的发生。

另一路为 EHT（行高压检测）电路，送至芯片 36 脚，控制场几何失真及控制东西几何失真；当显像管束电流由于某种原因发生较大变化时，易引起行场扫描幅度的变化，反映到屏幕上就是光栅涨缩，严重影响收视效果。

（6）9 脚行逆程脉冲经插排 CN11 的 1 脚（和 2 脚）送至显像管，作为灯丝电压，5～6.3V。

（7）10 脚行逆程脉冲经 R_{471} 限流、VD_{471} 整流、C_{492} 滤波后得到+11V 的直流低压电源；该低压电源再经三端稳压器 N401（L7808）稳压，得到+8V 的直流低压电源。

此外还有中、高压输出，即加速极（SV）电压输出、聚焦极（FV）电压输出和高压（HV）输出。

3.2.5 隔离、线间变压器的应用

1. 隔离变压器的应用

在维修电视机或显示器时,为确保人身及各种机器(电视机、仪器或仪表等)的安全,避免因操作不当而造成触电事故或扩大电视机故障现象的发生,在维修过程中常接有隔离变压器。

彩电或显示器基本上都是采用开关电源供电,它由220V交流市电直接整流进入机内,因此机板可能局部(冷地板)或整个(热地板)带电,在检修测试时,人身触及机板而又碰到大地时会有触电的危险;若仪器接地线和机板相连,就有可能造成电源短路,而造成电视机机内电路损坏。因此,为安全起见,在检修时,应在市电与电视机电源输入端设置1:1隔离变压器。隔离变压器的接法如图3-13所示。

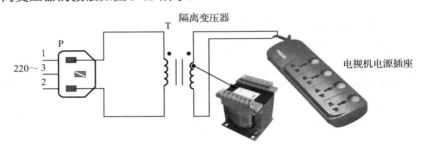

图3-13 隔离变压器的接法

2. 线间变压器的应用

音频输送变压器俗称线间变压器,用于扩音机与扬声器在远距离传送时,扩音机输出的能量通过变压器耦合传给扬声器。此类变压器有两种:一种是定电阻式输送变压器,与定电阻扩音机配套使用;另一种是定电压式输送变压器,与定电压扩音机配套使用。

定电阻式输送变压器的一、二次侧有多个绕组,其输入、输出引出端标有不同的阻抗,以供扩音机、扬声器的输入/输出阻抗相匹配地连接。

定电压式输送变压器的一、二次侧有多个绕组,而已输入和输出端都标明电压和不同的标称功率。

定阻式扩音机,由于它的输出电路没有采用深度负反馈,其输出内阻较高。当扩音机输入一个恒定信号时,输出电压的大小随负载阻抗变化而有较大的变动。这将出现输出信号的非线性失真。按照这种扩音机的工作原理,只有在负载阻抗与扩音机输出阻抗接近一致(匹配)时,扩音机才能输出额定功率,扬声器才获得最大的功率,这时传输效率最高,失真也小。

负载阻抗过大过小都会造成不良后果,定阻抗式扩音机使用时不允许空载。

3.3 电感的识别、检测

3.3.1 电感的分类

电感总体上可以归为两大类：一类是自感线圈或变压器；另一类是互感变压器。通孔电感的分类如图 3-14 所示，贴片电感的分类如图 3-15 所示。

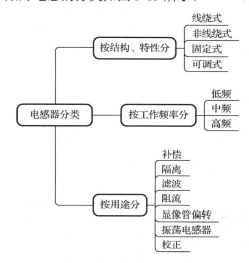

图 3-14　电感的分类

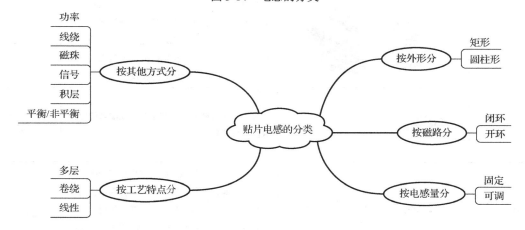

图 3-15　贴片电感的分类

3.3.2 电感的外形识别

部分电感线圈的外形、特点及电路符号见表 3-2。

表 3-2 部分电感线圈的外形、特点及电路符号

种类	外形	特点	电路符号
小型固定电感线圈		小型固定电感线圈是将线圈绕制在软磁铁氧体的基础上,然后再用环氧树脂或塑料封装起来制成的。小型固定电感线圈外形结构主要有立式和卧式两种。小型固定电感线圈的电感量较小,一般为 0.1～100μH,工作频率为 10kHz～200MHz。其特点是体积小、质量小、结构牢固和安装方便	L
空心线圈		空心线圈是用导线直接绕制在骨架上而制成的。线圈内没有磁芯或铁芯,通常线圈绕的匝数较少,电感量小。常用在高频电路中,如电视机的高频调谐器	L
低频扼流圈		低频扼流圈又称滤波线圈,一般由铁芯和绕组等构成。低频扼流圈常与电容组成电源滤波电路,以滤除整流后残存的交流成分,通常使用硅钢片或铁芯为磁芯,体积和质量较大	L
高频扼流圈		高频扼流圈用在高频电路中,主要起阻碍高频信号通过的作用。在电路中,高频扼流圈常与电容串联组成滤波电路,起到分开高频和低频信号的作用。电感量较小,一般在 2.5～10mH,通常使用铁氧体作为磁芯	L
可变电感线圈		可变电感线圈通过调节磁芯在线圈内的位置来改变电感量	L
印刷电感器		印刷电感器又称微带线,常用在高频电子设备中,它是由印制电路板上一段特殊形状的铜箔构成的。印刷电感器一般有两个作用:一是对高频信号进行有效传输;二是与其他元件构成匹配网络,使信号输出端与负载能很好地匹配	L
贴片电感		与贴片电阻、电容不同的是贴片电感的外观形状多种多样,有的贴片电感很大,从外观上很容易判断;有的贴片电感的外观形状和贴片电阻、贴片电容相似,很难判断,此时只能借助万用表来判断	L

3.3.3 电感符号的识别

在电路原理图中，电感常用符号"L"或"T"表示，不同类型的电感在电路原理图中通常采用不同的符号来表示，如图3-16所示。

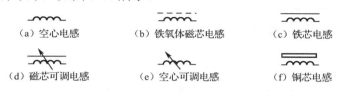

图 3-16 电感的符号

电感工作能力的大小用"电感量"来表示。电感量的基本单位是亨利（H），简称亨，其他常用单位还有毫亨（mH）、微亨（μH）和纳亨（nH）。它们之间的换算关系为：$1\text{H}=10^3\text{mH}=10^6\text{μH}=10^9\text{nH}$。

在电路原理图和印制电路板图中，电感的标示如图3-17所示。

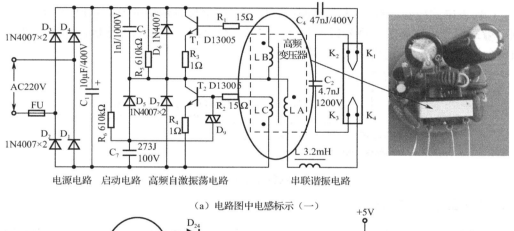

(a) 电路图中电感标示（一）

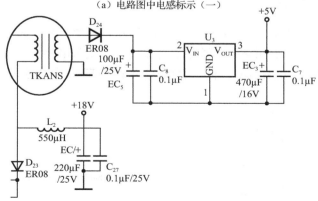

(b) 电路图中电感标示（二）

图 3-17 电感在电路图、印制板上的标示

贴片电感

分立电感

（c）电感在印制板上的标示

图 3-17 电感在电路图、印制板上的标示（续）

3.3.4 电感、变压器的命名方法

1. 电感型号命名方法一

电感器由四个部分组成，命名方法如图 3-18 所示，第一部分用字母表示主称或产品类型，其中，L 代表电感线圈，ZL 代表阻流圈；第二部分用字母表示特征或电感尺寸，如用 G 代表高频；第三部分用字母表示型号或用数字（字母与数字组合）表示电感量，如 X 代表小型；第四部分用字母表示区别代号或电感量误差。

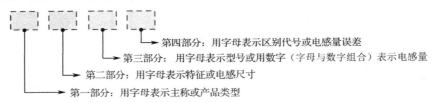

图 3-18 电感型号命名方法之一

2. 电感型号命名方法二

电感器由三个部分组成，命名方法如图 3-19 所示，其中，第一部分为主称，用字母 L 或 LP 表示电感线圈；第二部分用字母与数字混合或数字来表示电感量，如 2R2M（或 2.2）表示 2.2μH，100（或 10）表示 10μH；第三部分用字母表示误差范围，其中 J 表示±5%，K 表示±10%，M 表示±20%。

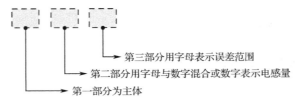

图 3-19 电感型号命名方法之二

3. 变压器型号命名方法

变压器的型号一般由三部分组成，其具体格式如图 3-20 所示。

图 3-20 变压器型号命名方法

（1）主称用大写字母表示变压器的种类。主称的大写字母含义见表 3-3。

表 3-3 变压器主称的大写字母含义

字　　母	字母的含义
DB	电源变压器
CB	音频输出变压器
RB	音频输入变压器
GB	高频变压器
SB 或 ZB	音频（定阻式）输出变压器
SB 或 EB	音频（定压式）输出变压器

（2）额定功率直接用数字表示，单位为 VA。

（3）序号用数字表示。

3.3.5　电感的主要参数

电感的主要技术指标如下。

1. 电感量

电感量表示电感线圈工作能力的大小。

2. 品质因数 Q

电感的品质因数 Q 是线圈质量的一个重要参数，它表示在某一工作频率下，线圈的感抗与其等效直流电阻的比值。Q 值反映线圈损耗的大小，Q 值越高，损耗功率越小，电路效率越高。

3. 额定电流

线圈中允许通过的最大电流。

4. 线圈的损耗电阻

线圈的直流损耗电阻。

3.3.6　电感的表示方法

1. 直标法

直标法是将电感的标称电感量用数字和文字符号直接标在电感体上，电感量单位后面的字母表示偏差。电感的直标法如图 3-21 所示。

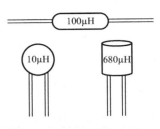

图 3-21　电感的直标法

2. 文字符号法

文字符号法是将电感的标称值和偏差值用数字和文字符号法按一定的规律组合标示在电感体上。采用文字符号法表示的电感通常是一些小功率电感，单位通常为 nH 或 μH。用 μH 做单位时，"R"表示小数点；用"nH"做单位时，"N"表示小数点。电感的文字符号法如图 3-22 所示。

图 3-22　电感的文字符号法

例如，R91 表示电感量为 0.91μH；4R7 则表示电感量为 4.7μH；10N 表示电感量为 10 nH。

3. 色标法

色标法是在电感表面涂上不同的色环来代表电感量（与电阻类似），通常用三个或四个色环表示。识别色环时，紧靠电感体一端的色环为第一环，露出电感体本色较多的另一端为末环。

注意：用这种方法读出的色环电感量，默认单位为微亨（μH）。电感的色标法如图 3-23 所示。

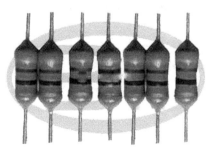

图 3-23　电感的色标法

4. 数码表示法

数码表示法是用三位数字来表示电感量的方法，常用于贴片电感上。

三位数字中，从左至右的第一、第二位为有效数字，第三位数字表示有效数字后面所加"0"的个数。电感的数码表示法如图 3-24 所示。

图 3-24 电感的数码表示法

注意：用这种方法读出的色环电感量，默认单位为微亨（μH）。如果电感量中有小数点，则用"R"表示，并占一位有效数字。例如，标示为"330"的电感为 $33×10^0=33μH$，标示为"101"的电感为 $10×10=100μH$。

3.3.7 现场操作 5——用万用表检测电感

电感的直流电阻值一般很小，匝数多、线径细的线圈能达几十欧；对于有抽头的线圈，各引脚之间的阻值均很小，仅有几欧姆左右。若用万用表 R×1Ω 挡测线圈的直流电阻，阻值无穷大说明线圈（或与引出线间）已经开路损坏；阻值比正常值小很多，则说明有局部短路；阻值为零，说明线圈完全短路。电感检测示意图如图 3-25 所示。

采用具有电感挡的数字万用表检测电感时，将数字万用表量程开关置于合适的电感挡，然后将电感引脚与万用表两表笔相接即可从显示屏显示出电感的电感量。若显示的电感量与标称电感量相近，则说明该电感正常；若显示的电感量与标称电感量相差很多，说明电感不正常，如图 3-26 所示。

图 3-25 电感检测示意图　　图 3-26 采用具有电感挡的数字万用表检测电感

3.4 变压器的识别、检测

3.4.1 变压器的外形识别

变压器按工作频率可分为高频变压器、中频变压器和低频变压器。变压器按磁芯材料的不同，可分为高频、低频和整体磁芯三种。

高频磁芯是铁粉磁芯，这种磁芯主要用于高频变压器，它具有高导磁率的特性，使用频率一般在 1~200kHz。低频磁芯是硅钢片，磁通密度一般在 6000~16 000，硅钢片主要用于低频变压器，根据硅钢片的形状不同可分为 EI（壳形、日形）、UI、口形、C 形。硅钢片的形状如图 3-27 所示。

整体磁芯分为三种类型：环形磁芯（T CORE）、棒状磁芯（R CORE）、鼓形磁芯（DR CORE），这三种磁芯外形如图 3-28 所示。

　　　　　　　　　　　　　　　　　　　　　　　　T CORE　　R CORE　　DR CORE

图 3-27　硅钢片的形状　　　　　　　　　　图 3-28　整体磁芯的外形

部分电感线圈的外形、特点及电路符号见表 3-4。

表 3-4　部分电感线圈的外形、特点及电路符号

种类	外形	特点	电路符号
电源变压器		电源变压器的作用是将 50Hz、220V 的交流电压升高或降低，变成所需的各种交流电压。按其变换电压的形式，可分为升压变压器、降压变压器和隔离变压器等；按其形状构造，可分为长方体或环形（俗称环牛）等	
中频变压器		中频变压器俗称中周，是超外差式收音机和电视机中的重要组件。中周的磁芯用具有高频或低频特性的磁性材料制成，低频磁芯用于调幅收音机，高频磁芯用于电视机和调频收音机	
高频变压器		高频变压器可分为耦合线圈和调谐线圈两大类。耦合线圈主要作用是连接两部分电路的信号传输，即前级信号通过它送至后级电路；调谐线圈与电容可组成串、并联谐振回路，用于选频电路等。天线线圈、振荡线圈等是高频线圈。开关电源变压器由于工作频率通常在几十千赫兹，也属于高频变压器	

(续表)

种类	外 形	特 点	电路符号
脉冲变压器		脉冲变压器用于各种脉冲电路中，其工作电压、电流等均为非正弦脉冲波。常用的脉冲变压器有电视机的行输出变压器、行推动变压器、开关变压器、电子点火器的脉冲变压器、臭氧发生器的脉冲变压器等	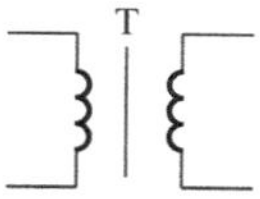
自耦变压器	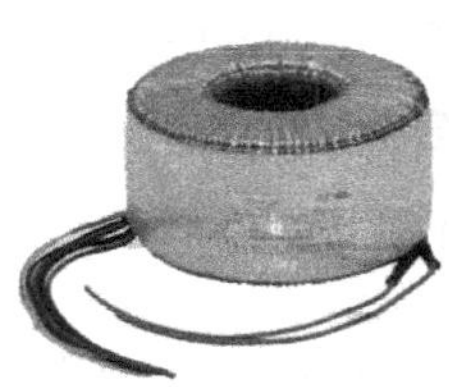	自耦变压器的绕组为有抽头的一组线圈，其输入端和输出端之间有电的直接联系，不能隔离为两个独立部分	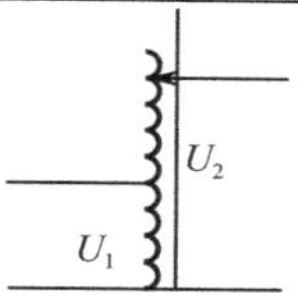 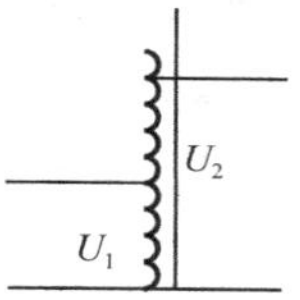 U_2 上, U_1 下; 另一图 U_2, U_1
电源隔离变压器	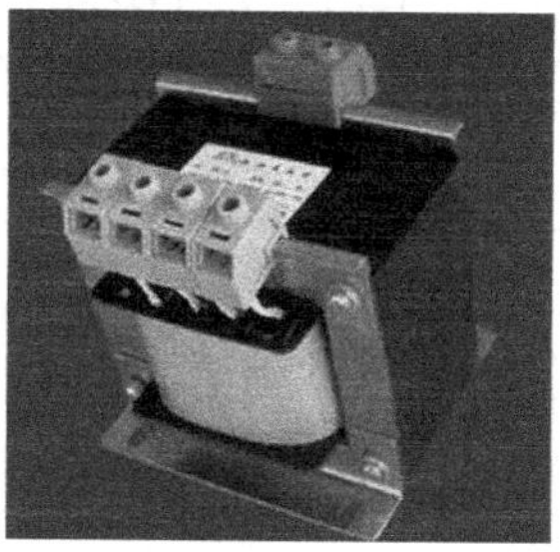	电源隔离变压器。电源隔离变压器是具有"安全隔离"作用的1∶1电源变压器，一般作为彩色电视机的维修设备。 彩色电视机的底板多数是"带电"，在维修时若将彩色电视机与220V交流电源之间接入一只隔离变压器，彩色电视机即呈"悬浮"供电状态。当人体偶尔触及隔离变压二次侧（次级）的任一端时，均不会发生触电事故（人体不能同时触及隔离变压器二次侧的两个接线端，否则会形成闭合回路，发生触电事故）	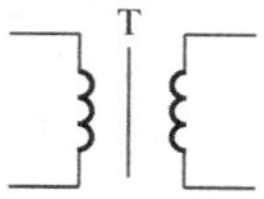
行输出变压器	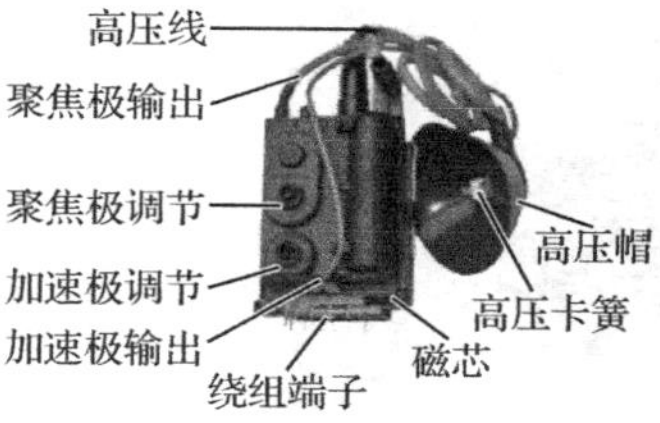	行输出变压器又称行回扫变压器或行逆程变压器，简称行变，是电视机、显示器中的主要部件，有多种型号和规格，其外形及结构如图所示。行变（FBT）一般由U形磁芯、低压绕组、高压绕组、外壳、整流硅堆、高压线、高压帽、灌封材料、引脚等组成。它采用一体式（即全密封式）结构，因此，也常称为一体化行输出变压器	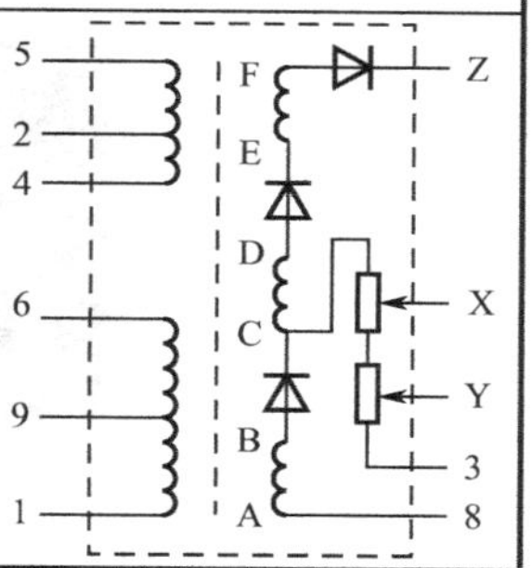

3.4.2 变压器符号的识别

在电路原理图中，变压器通常用字母"T"表示，常见变压器在电路原理图中的符号如图3-29所示。

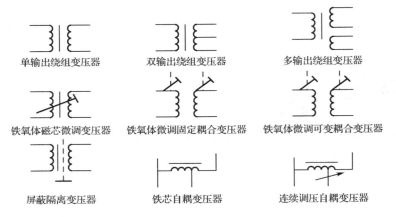

图3-29　常见变压器在电路原理图中的符号

常见变压器在电路原理图及印刷电路板上的标示如图3-30所示。

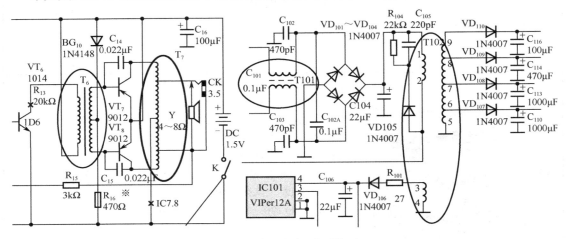

（a）变压器在电路原理图上的标示

（b）变压器在印刷电路板上的标示

图3-30　常见变压器在电路原理图及印刷电路板上标示

3.4.3　变压器的主要参数

变压器的主要技术指标较多，常用的有变压比、额定功率、效率及空载电流等。

1. 变压比

变压比是变压器初级电压（或阻抗）与次级电压（或阻抗）的比值。通常变压比直接标出电压变换值，如 220V/10V；变阻比则以比值表示，如 3:1 表示初次级阻抗比为 3:1。

2. 额定功率

额定功率是变压器在指定频率和电压下能长期连续工作，而不超过规定温升时次级输出的功率。单位用伏安表示，习惯称瓦或千瓦。电子产品中变压器功率一般都在数百瓦以下。

3. 效率

效率是输出功率与输入功率之比。一般变压器的效率与设计参数、材料、制造工艺及功率有关。通常 20W 以下的变压器效率为 70%～80%，而 100W 以上变压器可达 95%以上。

4. 空载电流

变压器在工作电压下次级空载或开路时，初级线圈流过的电流称为空载电流。一般不超过额定电流的 10%，设计、制作良好的变压器空载电流可小于 5%。空载电流大的变压器损耗大、效率低。

3.4.4　现场操作 6——用万用表检测变压器

1. 变压器绕组直流电阻的测量

变压器绕组的直流电阻很小，用万用表的 R×1Ω 挡检测可判断绕组有无短路或断路情况。一般情况下，电源变压器（降压式）初级绕组的直流电阻多为几十至上百欧姆，次级直流电阻多为零点几至几欧姆。对于中周变压器，绕组的直流电阻一般很小，只有零点几欧姆。变压器绕组直流电阻的测量如图 3-31 所示。

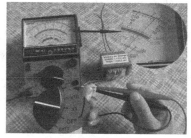

（a）初级为220Ω　　　　　　　　（b）次级1.4Ω

图 3-31　变压器绕组直流电阻的测量

2. 变压器绝缘性能的检测

变压器绝缘性能检测可用指针式万用表的 R×10kΩ 挡进行简易测量。分别测量变压器铁芯与初级、初级与各次级、铁芯与各次级、静电屏蔽层与初次级、次级各绕组间的电阻值，万用表的指针应指在无穷大处不动或阻值应大于 100MΩ，否则，说明变压器绝缘性能不良。变压器绝缘性能的测量如图 3-32 所示。

（a）初级与次级间阻值　　　　　　　（b）次级与外壳间阻值

图 3-32　变压器绝缘性能的测量

3. 电源变压器初、次级线圈判别

电源变压器（降压式）初级引脚和次级引脚一般都是分别从两侧引出的，并且初级绕组多标有 220V 字样，次级绕组则标出额定电压值，如 12V、15V、24V 等。再根据这些标记进行识别。

电源变压器（降压式）初级线圈和次级线圈的线径是不同的。初级线圈是高压侧，线圈匝数多、线径细；次级线圈是低压侧，线圈匝数少、线径粗。因此根据线径的粗细可判别电源变压器的初、次级线圈。具体方法是观察电源变压器的绕组线圈，线径粗的线圈是次级线圈，线径细的线圈是初级线圈，如图 3-33 所示。

图 3-33　线径粗的线圈是次级，线径细的线圈是初级

4. 电源变压器空载电压的检测

将电源变压器的初级接 220V 市电，用万用表交流电压接依次测出各绕组的空载电压值（U_{21}、U_{22}、U_{23}、U_{24}）应符合要求值，允许误差范围一般为：高压绕组≤±10%，低压绕组≤±5%，带中心抽头的两组对称绕组的电压差应≤±2%。电源变压器空载电压的检测如图 3-34 所示。

（a）初级电压为230V　　　　　　　（b）次级电压为16V

图 3-34　电源变压器空载电压的检测

3.5 感性器件总结

现将感性器件的相关知识总结如表 3-5 所示,以便于掌握和记忆。

表 3-5 感性器件总结

1	电感的主要作用有天线线圈、振荡线圈、滤波、谐振、共模、差模等
2	变压器主要有中频变压器、音频输入、输出变压器、降压变压器、升压变压器、开关变压器、行输出变压器、隔离变压器、线间变压器等
3	电感工作能力的大小用"电感量"来表示。电感量的基本单位是亨利(H),简称亨,其他常用单位还有毫亨(mH)、微亨(μH)和纳亨(nH)
4	电感的主要技术有电感量、品质因数 Q、额定电流及线圈的损耗电阻等
5	电感的常用表示方法有直标法、文字符号法、色标法及数码表示法等
6	变压器按工作频率可分为高频变压器、中频变压器和低频变压器
7	变压器的主要参数有变压比、额定功率、效率和空载电流等

第 4 章

二极管的应用、识别与检测

二极管是常用的半导体器件之一，其具有单向导电的特性，并具有体积小、耗电小、质量小、寿命长和不怕振动等优点，因此它在电子电路中得到了广泛的应用。

4.1 二极管的应用

4.1.1 整流二极管、整流桥的应用

整流电路的作用是对交流电压进行整形，即把交流电压变换为单向脉动的直流电压。整流电路一般由整流二极管或整流桥来担任。

整流电路常采用的电路形式有半波整流、全波整流和全桥整流，各整流电路的特点及工作原理如下。

1. 单相半波整流电路

图 4-1（a）是单相半波整流电路原理图，电路由电源变压器 T、整流二极管 VD 和负载电阻 R_L 组成。

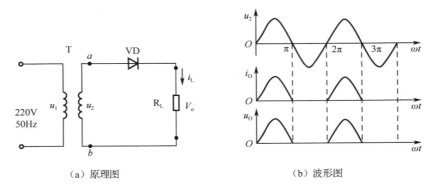

（a）原理图　　　　　　　　　　（b）波形图

图 4-1　单相半波整流电路

工作原理：设电源变压器 T 的初级接交流电 u_1，在次级感应出交流电压 u_2。当 $u_2>0$（正半周）时，二极管 VD 导通，忽略二极管正向压降：$u_o=u_2$；当 $u_2<0$（负半周）时，二极管 VD 截止，输出电流为 0，$u_o=0$。其波形图如图 4-1（b）所示。

电路特点：单相半波整流电路具有结构简单，使用元件少的优点。但也存在着一些缺点：输出波形脉动大、直流的成分较低、变压器只有半个周期导电，利用率低；变压器电流含有直流成分，容易饱和。因此，一般只在输出电流较低、要求不太高的电路中运用。

2. 单相全波整流电路

图 4-2（a）是单相半波整流电路原理图，电路由电源变压器 T、整流二极管 VD_1、VD_2 和负载电阻 R_L 组成。

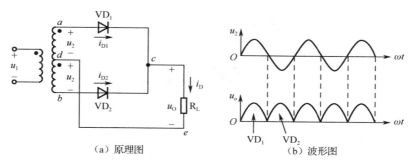

图 4-2 单相半波整流电路

工作原理：设电源变压器 T 的初级接交流电 u_1，在次级感应出交流电压 u_2（两组）。当 u_2 为正半周时，二极管 VD_1 承受正向电压而导通，VD_2 承受反向电压而截止。此时电流的路径为：a—VD_1—R_L—d。

当 u_2 为负半周时，二极管 VD_2 承受正向电压而导通，VD_1 承受反向电压而截止。此时电流的路径为：b—VD_2—R_L—d。其波形图如图 4-2（b）所示。

电路特点：全波整流电路也存在着明显的缺点：二极管所承受的反向峰值电压高是半波整流电路的两倍；全波整流电路必须采用具有中心抽头的变压器，并且每个线圈只有一半时间参与导电，因此变压器的利用率也不高。

3. 单相全桥整流电路

图 4-3（a）是单相全桥整流电路原理图，电路由电源变压器 T、整流二极管 VD_1～VD_4 和负载电阻 R_L 组成。

工作原理：设电源变压器 T 的初级接交流电 u_1，在次级感应出交流电压 u_2。当 u_2 为正半周时，二极管 VD_1、VD_3 承受正向电压而导通，VD_2、VD_4 承受反向电压而截止。此时电流的路径为：a—VD_1—R_L—VD_3—b。

当 u_2 为负半周时，二极管 VD_2、VD_4 承受正向电压而导通，VD_1、VD_3 承受反向电压而截止。此时电流的路径为：b—VD_2—R_L—VD_4—a。其波形图如图 4-3（b）所示。

电路特点：单相全桥整流电路输出的直流电压脉动小，由于能利用交流电的正、负半周，故整流效率较高。

在实际画整流桥时，有时采用简化画法或其他画法，如图 4-4 所示。

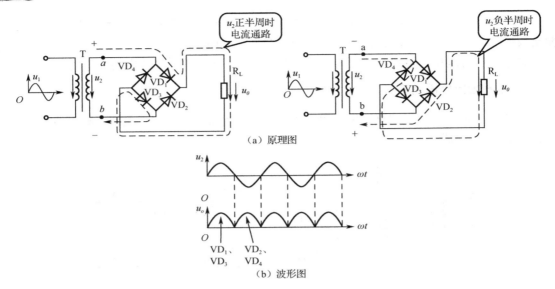

(a) 原理图

(b) 波形图

图 4-3 单相全桥整流电路

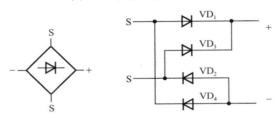

图 4-4 整流桥简化画法

整流桥在实际应用时，一般做成桥堆形式，即把 4 个二极管封装在一起，如图 4-5 所示。

(a) 外形图

(b) 符号图

图 4-5 整流桥的外形与符号

4.1.2 开关、限幅二极管的应用

1. 开关二极管的应用

如图 4-6 所示是一个交直流供电电路,当用直流从插座 DC 输入时,为防止输入的直流电源反极性,在直流输入端设置有开关二极管 VD_5。当正极输入到插座的动触头时,开关二极管处于正偏而导通,进行直流供电;当负极输入到插座的动触头时,开关二极管处于反偏而截止,断开直流供电,防止后级电路因插头的电源极性不正确而造成损坏。

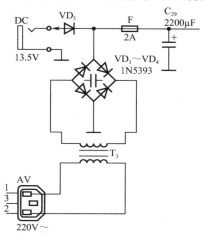

图 4-6 交直流供电电路(开关二极管的应用)

2. 限幅二极管的应用

二极管正向导通后,它的正向压降基本保持不变,即硅管为 0.7V,锗管为 0.3V,利用二极管这一特性,就可以把二极管在电路中作为限幅元件,将信号幅度限制在一定的范围内,这种电路在电路保护方面应用较多。

如图 4-7 所示是二极管的限幅应用电路图。图 4-7(a)是一个最简单的二极管限幅电路,在输入端没有信号时,由于两只二极管是反向连接的,所以其输出信号的幅度为零;当有脉冲信号送至输入端时,若该脉冲信号的幅度没有超过二极管的导通电压,则信号正常输出;若该信号的幅度超过二极管的导通电压时,则输出信号将会被限制在-0.7V 和+0.7V 之间(用的是硅二极管)。

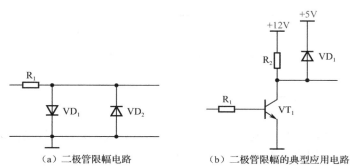

(a)二极管限幅电路　　　　(b)二极管限幅的典型应用电路

图 4-7 二极管的限幅应用电路图

图 4-7（b）所示电路为二极管限幅的典型应用电路。该电路中的二极管 VD_1 可以把三极管 VT_1 的集电极电压限制在 5.6V。

图 4-8 所示是利用二极管作为正向限幅器的电路图。限幅器是用来限制输出电压幅度的。在电子线路中，常用二极管限幅电路对各种信号进行处理，其作用是让信号在预置的电平范围内，有选择性地传输一部分。

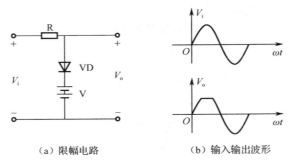

（a）限幅电路　　（b）输入输出波形

图 4-8　二极管作为正向限幅器的电路

4.1.3　检波的应用

如图 4-9 所示为一超外差式收音机的检波电路。第二级中放输出的中频调幅波加到二极管 VD 的负极，其负半周通过了二极管，而正半周被截止，再由 RC 滤波器滤除其中的高频成分，输出的就是调制在载波上的音频信号，这个过程称为检波。

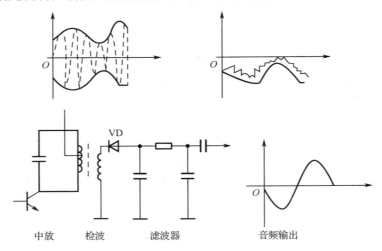

中放　　检波　　滤波器　　　音频输出

图 4-9　超外差式收音机的检波电路

4.1.4　稳压二极管的应用

单稳压二极管构成的典型直流稳压电路如图 4-10 所示。单二极管稳压电路最简单，但其带负载能力差，一般只提供基准电压，不作为电源使用。

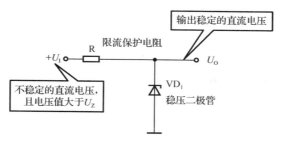

图 4-10 单稳压二极管构成的典型直流稳压电路

串联式直流稳压电路的基本形式如图 4-11 所示。该电路实际上是射极输出器,其中 U_o 与 U_Z 满足"跟随"关系,即 $U_o=U_Z-U_{BE}$。一旦 U_Z 稳定,在输入电压 U_I、负载电流 I_L 的一定变化范围内,U_o 也基本稳定。在加入射极输出器后,负载电路不再通过稳压管,而是通过调整管,因此,负载电流的变化量可以比稳压管工作电流的变化量扩大 $(1+\beta)$ 倍。

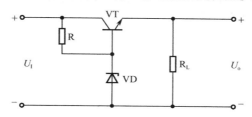

图 4-11 串联式直流稳压电路的基本形式

4.1.5 变容二极管的应用

变容二极管的特点是结电容与加到管子上的反向电压大小成反比,即在一定范围内,反向电压越低,结电容越大;反向电压越高,结电容越小,利用这种特性二极管可作为可变电容使用。

变容二极管常用于电视机、手机等调谐电路、振荡电路和自动频率控制电路中,如在电视机的频道选择器(高频头)中,通过变容二极管的作用来选择电视频道,其原理如图 4-12 所示。

电容 C_1 与变容二极管 VD_1 串联,然后与 L_1 并联组成了 LC 振荡电路。当可变正电压通过 R_1 送至变容二极管的负极时,变容二极管得到变化的正偏电压,变容二极管就相当于可变电容与 C_1 串联,使整个 LC 振荡回路内容量发生变化,从而使 LC 振荡的频率也处于变化状态。

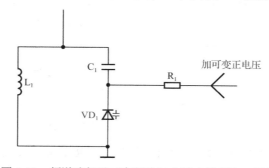

图 4-12 频道选择器(高频头)电路中的变容二极管

4.1.6 发光二极管的应用

1. 发光二极管电源指示灯电路

如图 4-13 所示是发光二极管组成的电源指示灯电路。电路中，VD_1 为发光二极管，R_1 为限流电阻，S_1 为电源开关，当电源开关闭合后，发光二极管就一直点亮，表明电源电压输出正常。

2. 发光二极管电平指示器电路

发光二极管电平指示器电路如图 4-14 所示。图中 VT_1 为三极管放大器，VD_1 为音频指示器，R_1、R_2 及 R_3 为偏置电阻，C_1 为耦合电容。音频信号送至三极管 VT_1 的基极，它的幅度大小变化将引起 VT_1 集电极电流的相应变化，这一幅度变化的电流也流过发光二极管 VD_1，因此，VD_1 发光二极管的发光强弱也做相应的变化。由于电路中只采用了一只发光二极管，所以称为单级发光二极管电平指示器。

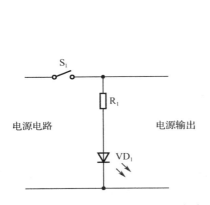

图 4-13 发光二极管电源指示灯电路

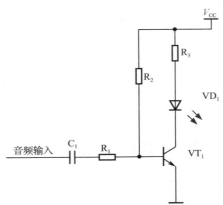

图 4-14 发光二极管电平指示器电路

4.1.7 双向触发二极管的应用

双向触发二极管通常应用于过压保护电路、移相电路、晶闸管触发电路等电路中。如图 4-15 所示是具有调速功能的吸尘器电路。

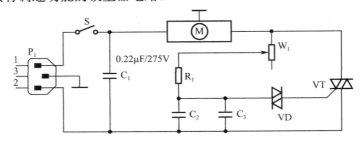

图 4-15 具有调速功能的吸尘器电路

打开开关 S，当电源处于正半周时，电源通过 W_1、R_1 向电容 C_2 充电，电容上的电压极性为上正下负，当这个电压增高到双向二极管 VD 的导通电压时，VD 突然导通，使双向晶闸管

VT 的控制极和主电极间得到一个正向触发脉冲，晶闸管 VT 导通。而后，当交流电电源过零的瞬间，晶闸管自行阻断。当交流电电源处于负半周时，正好和上述情况相反，晶闸管也导通。

调节 W 的值，即可改变电容的充电时间常数，从而改变脉冲出现时刻，也就改变了晶闸管的导通角，从而达到了调速的目的。图 4-15 中的 C_1 是用来防止吸尘器电流的高次谐波对附近无线电设备等的干扰。

4.1.8 稳压二极管的过压保护电路

通用型手机充电器工作原理如图 4-16 所示，其过压保护工作原理如下。

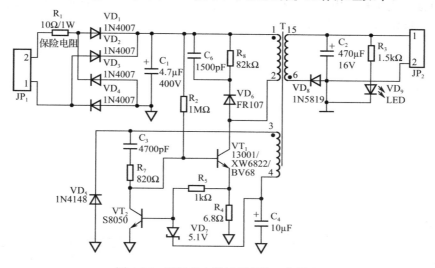

图 4-16　手机充电器过压保护工作原理

当电压过高时，经二极管 VD_5 整流后的电压也随之升高，即电容 C_4 的充电电压升高，当该电压升高到 5.7V 以上时，VD_7 过压保护二极管导通，此时分流管 VT_2 基极为高电平而导通，它导通后其集电极电位降低，即拉低了开关管的基极电位，从而达到调压与过压保护的目的。

4.1.9 红外发光二极管的应用

如图 4-17 所示是红外发光二极管应用电路，电路中 VD_1 是红外发光二极管，VT_1 是红外发光二极管的驱动管。当输入脉冲送至 R_1 加到驱动管的基极时，使驱动管导通，就有集电极电流流过红外发光二极管，使红外发光二极管发出红外光。当输入脉冲为 0V 时，驱动管无基极电压便会截止，红外发光二极管没有电流便不会发光。

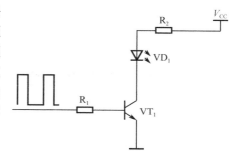

图 4-17　红外发光二极管应用电路

4.2 二极管的识别

4.2.1 二极管的分类

二极管的规格品种很多，按所用半导体材料的不同，可以分为锗二极管、硅二极管、砷化镓二极管；按结构工艺不同，可分为点接触型二极管和面接触型二极管；按用途分为整流二极管、开关二极管、稳压二极管、检波二极管、发光二极管、钳位二极管等；按频率分：有普通二极管和快恢复二极管等；按引脚结构分，有二引线型、圆柱型（玻封或塑封）和小型塑封型。二极管的分类如图 4-18 所示。

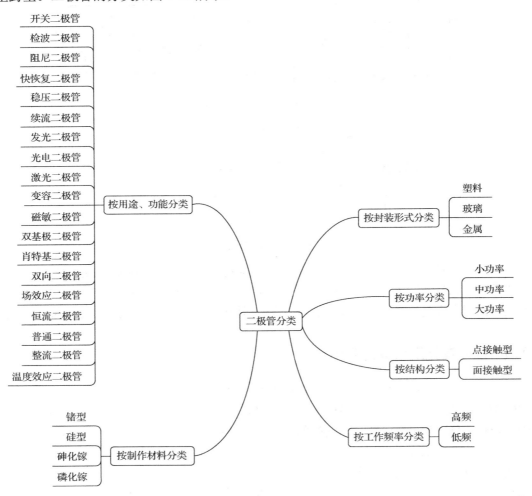

图 4-18　二极管的分类

4.2.2 二极管的特性与外形识别

1. 整流二极管

整流二极管是将交流电转变（整流）成脉动直流电的二极管。它是利用二极管的单向导电性工作的。整流二极管的外壳封装常采用金属壳封装、塑料封装和玻璃封装三种形式。通常情况下，正向工作电流大的采用金属壳封装，采用塑料和玻璃封装的二极管正向电流较小。整流二极管的外形及符号图（图中一般不标示正极、负极）如图 4-19 所示。

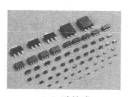

（a）通孔小功率　　（b）通孔大功率　　（c）贴片式　　（d）符号图

图 4-19　整流二极管的外形及符号图

为了更准确、更全面地了解二极管的单向导电性，工程上引入伏安特性曲线。二极管的伏安特性曲线就是加在二极管两端的电压 U_D 与通过二极管的电流 I_D 的关系曲线，利用晶体管图示仪或实验的方法能方便地测出二极管的伏安特性曲线，如图 4-20 所示。

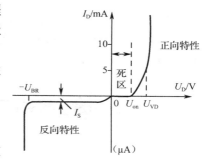

图 4-20　二极管的伏安特性曲线

（1）正向特性

正向伏安特性曲线指纵轴右侧部分，它有两个主要特点。

① 外加电压较小，外加电场还不足以克服内电场对多数载流子造成的阻力，此时正向电流几乎为零，这个范围称为"死区""截止区"或门限电压（开启电压）U_{on}，锗管死区电压为 0.1V，硅管约为 0.5V。

② 正向电压超过死区电压时，二极管呈现的电阻很小，曲线近似于线性，称为导通区。导通后二极管两端的正向电压称为正向压降（管压降）U_{VD}，一般硅管正向压降为 0.6～0.8V，锗管正向压降为 0.1～0.3V。

（2）反向特性

反向伏安特性曲线指纵轴左侧部分，它有两个主要特点。

① 在一定的反向电压范围内，电流约等于零——反向截止区，此时的 I_S 称为反向饱和电流或反向漏电流。实际应用中，反向饱和电流应越小越好。

② 当反向电压增加到某一数值时，反向电流急剧增加——反向击穿，此时对应的电压称为反向击穿电压 U_{BR}。二极管工作时，不允许反向电压超过击穿电压，否则会造成二极管损坏。

综上可知，二极管共有两种工作状态：导通和截止。二极管的导通与截止需要一定的工作条件。若给二极管加上高于起始电压的正偏电压，则二极管导通，此时二极管有电流通过，正偏示意图及等效电路图如图 4-21（a）所示；若给二极管加上反偏电压，则二极管截止，此时二极管没有电流通过，反偏示意图及等效电路图如图 4-21（b）所示。

整流、检波、开关二极管具有相似的伏安特性曲线，均属于普通二极管。

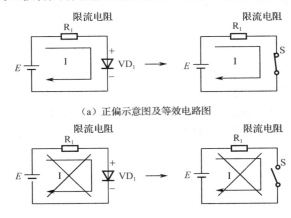

（a）正偏示意图及等效电路图

（b）反偏示意图及等效电路图

图 4-21　正偏、反偏示意图及等效电路图

2. 检波二极管

检波二极管是把在高频载波上的低频信号卸载下来（去载）的器件，具有较高的检波效率和良好的频率特性。检波二极管的封装多采用玻璃结构，以保证良好的高频特性。检波二极管的外形如图 4-22 所示。

图 4-22　检波二极管的外形图

3. 开关二极管

开关二极管是利用二极管的单向导电性，导通时相当于开关闭合（电路接通），截止时相当于开关打开（电路切断）而特殊设计制造的一类二极管。开关二极管的特点是导通/截止速度快，能满足高频和超高频电路的需要，常用于脉冲数字电路、自动控制电路等。开关二极管的外形如图 4-23 所示。

（a）通孔式　　　　　　　　　　（b）贴片式

图 4-23　开关二极管的外形图

4. 稳压二极管

稳压二极管国外又称齐纳二极管，它是利用硅二极管的反向击穿特性（雪崩现象）来稳定直流电压的，根据击穿电压来确定稳压值，因此，需注意的是，稳压二极管是加反向偏压

的。稳压二极管主要用于稳压电源中的电压基准电路或用于过压保护电路中。稳压二极管的外形如图 4-24 所示，它的伏安特性曲线及符号如图 4-25 所示。

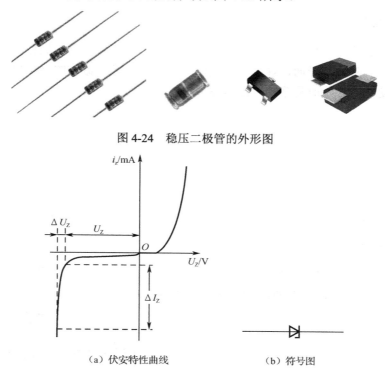

图 4-24　稳压二极管的外形图

（a）伏安特性曲线　　（b）符号图

图 4-25　稳压二极管伏安特性曲线及符号图

稳压二极管是一种用特殊工艺制造的硅二极管，只要反向电流不超过极限电流，管子工作在击穿区并不会损坏，属于可逆击穿，这与普通二极管破坏性击穿是截然不同的。

从稳压二极管的伏安特性曲线图可以看出：稳压二极管击穿后，通过管子的电流（ΔI_Z）变化很大，而管子两端电压变化（ΔV_Z）很小，或者说管子两端的电压基本不变。

5. 变容二极管

变容二极管是利用反向偏压来改变 PN 结电容量的特殊二极管。变容二极管相当于一个容量可变的电容，其两个电极之间的 PN 结电容大小随外加反向偏压大小的改变而改变。通常用于振荡电路，与其他元件一起构成 VCO（压控振荡器）。在手机电路、电视机高频调谐器中得到了广泛的应用。变容二极管外形及符号如图 4-26 所示。

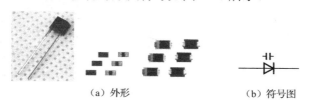

（a）外形　　（b）符号图

图 4-26　变容二极管外形及符号图

变容二极管相当于一个容量可变的电容，其两个电极之间的 PN 结电容大小随外加反向偏压大小的改变而改变。通常用于振荡电路，与其他元件一起构成 VCO（压控振荡器）。变容二极管 C_j-U 特性曲线如图 4-27 所示。

6. 双向触发二极管

双向触发二极管是一种硅双向电压触发开关器件，当双向触发二极管两端施加的电压超过其击穿电压时，两端即导通，导通将持续到电流中断或降到器件的最小保持电流后会再次关断。双向触发二极管外形及符号如图 4-28 所示。

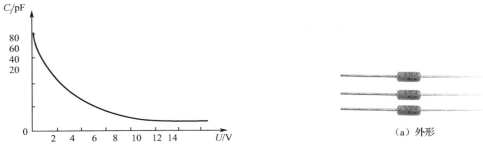

图 4-27　变容二极管 C_j-U 特性曲线

图 4-28　双向触发二极管外形及符号图

二极管在电路原理图及印制板图上的标示如图 4-29 所示。

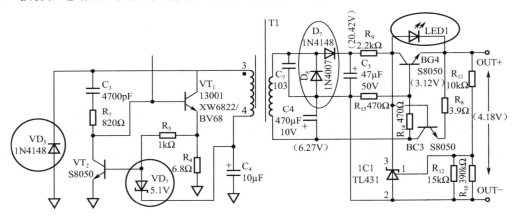

（a）二极管在电路原理图上的标示

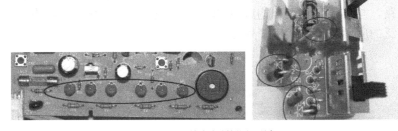

（b）二极管在印制板图上的标示

图 4-29　二极管在电路原理图及印制板图上的标示

4.2.3 发光二极管的分类、外形及特点

发光二极管的分类如图 4-30 所示。发光二极管（LED）是除具有普通二极管的单向导电特性之外，还可以将电能转化为光能的器件。给发光二极管外加正向电压时，它处于导通状态，当正向电流流过管芯时，发光二极管就会发光，将电能转化成光能。常见的发光二极管发光颜色有红色、黄色、绿色、橙色、蓝色、白色等。除单色发光二极管外，还有可以发出两种以上颜色光的双色发光二极管和三色发光二极管。

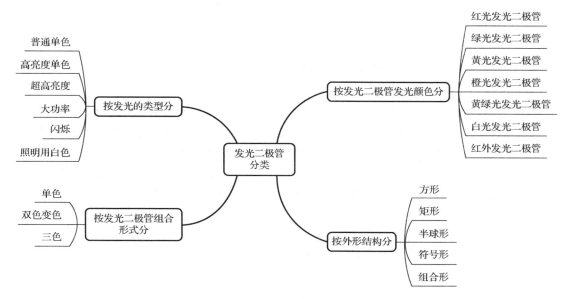

图 4-30 发光二极管的分类

发光二极管根据发出的光可见与否，又可分为可见发光二极管和不可见发光二极管。

（1）可见发光二极管

发光二极管发光时，是以电磁波辐射形式向远方发射的。发光波长为 630～780nm 的为红光；发光波长为 555～590nm 的为黄光；发光波长为 495～555nm 的为绿光。单只发光二极管发射功率一般都不大，只有数毫瓦左右。通常，发光二极管常用的材料有砷铝化镓（GaAlAs）、磷砷化镓（GaAsP）、磷化镓（GaP）等。可见发光二极管外形及符号如图 4-31 所示。

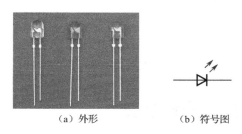

（a）外形　　　　　（b）符号图

图 4-31 发光二极管外形及符号图

（2）不可见发光二极管

不可见发光二极管就是红外线发光二极管，其发光波长为 940nm，人眼无法见到这样的光，常称之为发射二极管或红外线发射二极管。

红外线发射二极管发射功率一般不大，只有数毫瓦，但有效控制距离可达 5～8m。因此常用于遥控发射器中。不可见发光二极管外形及符号图 4-32 所示。

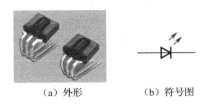

（a）外形　　　　（b）符号图

图 4-32　不可见发光二极管外形及符号图

（3）双色发光二极管

双色二极管是将两种颜色的发光二极管制作在一起，常见的有红绿双色发光二极管。它的内部结构有两种连接方式：一是共阳极或共阴极（即正极或负极连接为公共端），二是正负连接形式（即一只二极管正极与另一只二极管负极连接）。共阳极或共阴极双色二极管有三只引脚，正负连接式双色二极管有两只引脚。双色二极管可以发单色光，也可以发混合色光，即红、绿管都亮时，发黄色光。双色发光二极管外形及符号如图 4-33 所示。

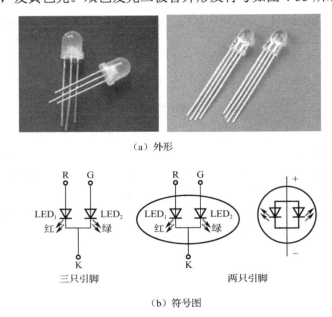

图 4-33　双色发光二极管外形及符号图

4.3　国产二极管的型号命名法

1. 国产普通二极管的型号命名法

国家标准国产二极管的型号命名分为五个部分，如图 4-34 所示，各部分的含义将在第 5

章三极管中介绍。

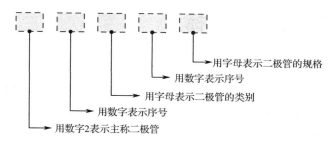

图4-34 国家标准国产二极管的型号命名法

2. 国产发光二极管型号命名法

发光二极管是在普通二极管之后开发生产的，其型号命名主要由六部分组成，各部分组成如图4-35所示，各部分组成的含义见表4-1。

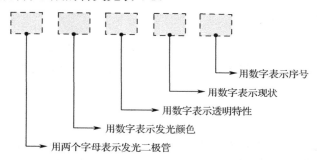

图4-35 国产发光二极管型号命名法

表4-1 国产发光二极管型号命名法各组成部分的含义

第一部分	第二部分		第三部分		第四部分		第五部分		第六部分
用两个字母表示发光二极管	用1个数字表示发光二极管材料		用1个数字表示发光二极管颜色		用1个数字表示发光二极管透明特性		用1个数字表示发光二极管形状		产品序号
	字符	意义	字符	意义	字符	意义	字符	意义	
FG	1	磷砷化镓材料	1	红	1	无色透明	0	圆形	用2个数字表示发光二极管序号
			2	橙			1	长方形	
			3	黄	2	无色散射			
			4	绿			2	符号形	
	2	砷铝化镓材料	5	蓝	3	有色透明	3	三角形	
			6	复色					
					4	有色散射	4	方形	
							5	组合形	
	3	磷化镓材料					6	特殊型	

4.4 二极管的主要技术指标

1. 额定正向工作电流

额定正向工作电流是指二极管长期连续工作时允许通过的最大正向电流值。因为电流通过二极管时会使管芯发热，温度上升，温度超过最大允许限度时，就会使管芯发热而损坏。所以二极管使用中不要超过其额定正向工作电流值。

2. 反向击穿电压

在二极管上加反向电压时，反向电流会很小。当反向电压增大到某一数值时，反向电流将突然增大，这种现象称为击穿。二极管反向击穿时，反向电流会剧增，此时二极管就失去了单向导电性。二极管产生击穿时的电压叫反向击穿电压。

3. 最高反向工作电压 U_R

最高反向工作电压是保证二极管不被击穿而给出的反向峰值电压。加在二极管两端的反向电压高到一定值时，会将管子击穿，失去单向导电能力。为保证使用安全，规定了最高反向工作电压。

4. 最大浪涌电流 I_F

最大浪涌电流是二极管允许流过的最大正向电流。最大浪涌电流不是二极管正常工作时的电流，而是瞬间电流，通常大约为额定正向工作电流的 20 倍。

5. 最高工作频率 f_M

最高工作频率是指二极管在正常工作条件下的最高频率。如果加给二极管的信号频率高于该频率，二极管将不能正常工作，它的大小通常与二极管的 PN 结面积有关，PN 结面积越大，f_M 越低，故点接触型二极管的 f_M 较高，而面接触二极管的 f_M 较低。

4.5 二极管的极性识别

4.5.1 普通二极管的极性识别

小功率二极管的负极通常在表面用一个色环标出；金属封装二极管的螺母部分通常为负极引线，普通二极管极性识别如图 4-36 所示。

图 4-36　普通二极管极性识别

4.5.2 发光二极管的极性识别

发光二极管通常用引脚长短来标识正、负极,长脚为正极,短脚为负极;仔细观察发光二极管,可以发现内部的两个电极一大一小:一般电极较小、个头较矮的是发光二极管的正极,电极较大的是负极,负极一边带缺口。发光二极管极性识别如图4-37所示。

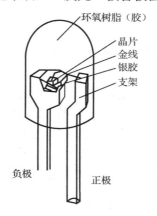

图 4-37 发光二极管极性识别

4.5.3 贴片二极管的极性识别

贴片二极管由于外形多种多样,极性标注也有多种方法:有引线的贴片二极管,管体有白色色环的一端为负极;有引线而无色环的贴片二极管,引线较长的一端为正极;无引线的贴片二极管,表面有色带或者有缺口的一端为负极。贴片二极管极性的识别如图4-38所示。

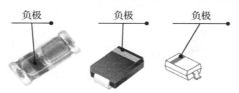

图 4-38 贴片二极管极性的识别

4.5.4 整流桥引脚的识别

整流桥的表面通常标注内部电路结构或交流输入端及直流输出端的名称,交流输入端通常用"AC"或者"～"表示;直流输出端通常以"+""-"符号表示,整流桥引脚的识别如图 4-39所示。

图 4-39 整流桥引脚的识别

4.6 现场操作——二极管的检测

现场操作7——普通二极管的检测

1. 指针式万用表检测普通二极管

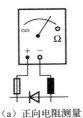
（a）正向电阻测量

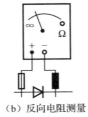
（b）反向电阻测量

图4-40 测量普通二极管正反向电阻示意图

普通二极管（整流二极管、检波二极管）正反向电阻如图4-40所示，测量判断的依据为：二极管的正向电阻小，反向电阻大。

指针式万用表检测二极管前应选择×1k挡位，并将欧姆调零，如图4-41（a）所示。将两表笔分别接在二极管的两个引线上，测出电阻值，如图4-41（b）所示；对换两表笔，再测出一个阻值，如图4-41（c）所示，然后根据这两次测得的结果，判断出二极管的质量好坏与极性。

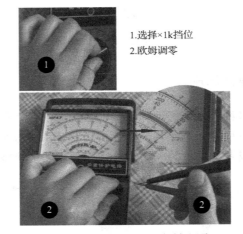

（a）选择×1k挡位，并将欧姆调零

（b）实测正向电阻

图4-41 用指针万用表测量普通二极正反向电阻

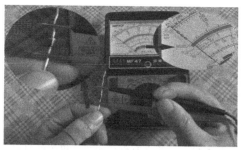

（c）实测反向电阻

图 4-41　用指针万用表测量普通二极正反向电阻（续）

测量的结果如下。

① 一次阻值大，一次阻值小；阻值小时黑表笔接的是二极管的正极，红表笔接的是二极管的负极，二极管正常。

② 两次阻值都很大，二极管断路。

③ 两次阻值都很小，二极管短路。

由于二极管的伏安特性是非线性的，当使用万用表的不同电阻挡测量二极管的电阻时，会得出不同的电阻值；在实际使用时，流过二极管的电流会较大，因此二极管呈现的电阻值会更小些。

2. 数字万用表专用的测二极管挡检测普通二极管

数字万用表的红表笔接内部电池的正极，黑表笔接内部电池的负极，和指针万用表刚好相反。将数字万用表置于二极管挡，红表笔插入"V/Ω"插孔，黑表笔插入"COM"插孔。将两支表笔分别接触二极管的两个电极，如果显示溢出符号"1"，说明二极管处于反向截止状态，此时黑笔接的是二极管正极，红笔接的是二极管负极。反之，如果显示值在 100mV 以下，则二极管处于正向导通状态，此时红笔接的是二极管正极，黑笔接的是二极管负极。数字万用表实际上测的是二极管两端的压降。数字万用表测量普通二极管正反向电阻如图 4-42 所示。

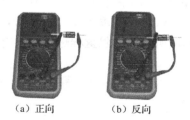

（a）正向　　　（b）反向

图 4-42　用数字万用表测量普通二极管正反向电阻

另外，开关二极管、阻尼二极管、隔离二极管、箝位二极管、快恢复二极管等，可参考整流二极管的识别与判断。

二极管是由哪种材料制成的，可使用数字万用表加以判断，如图 4-43 所示。将数字万用表调至二极管挡，红表笔接二极管正极，黑表笔接二极管负极，此时万用表的显示屏可显示出二极管的正向压降值。不同材料二极管的正向压降是不同的。如果万用表显示的电压值在 0.150～0.300V，则说明被测二极管是锗材料制成的；如果万用表显示的电压值在 0.400～0.700V，则说明被测二极管是硅材料制成的。

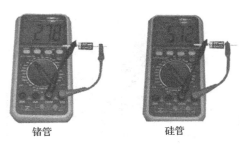

图 4-43 用数字万用表判断二极管的材料

现场操作 8——发光二极管的检测

（1）对发光二极管的检测主要采用万用表的 R×10kΩ挡，其测量方法及对其性能的好坏判断与普通二极管相同，测量示意图如图 4-44 所示。但发光二极管的正向、反向电阻均比普通二极管大得多。正常时，正向阻值约为 15～40kΩ；反向阻值大于 500kΩ。测量正向电阻时，有些管子可以看到发光管发光的情况。

（a）正向电阻　　　　　　　　（b）反向电阻

图 4-44 指针式万用表对发光二极管的检测

（2）用数字万用表的 R×20MΩ挡，测量它的正、反向电阻值，测量示意图如图 4-45 所示。正常时，正向电阻小于反向电阻。较高灵敏度的发光二极管，用数字万用表小量程电阻档测它的正向电阻时，管内会发微光，所选的电阻量程越小，管内发出的光越强。

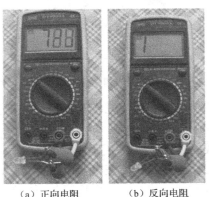

（a）正向电阻　　　　　　　　（b）反向电阻

图 4-45 数字式万用表对发光二极管的检测

用数字万用表的二极管挡测量它的正向导通压降，正常值为 1500～1700mV，且管内会有微光。红色发光二极管约为 1.6V，黄色约为 1.7V，绿色约为 1.8V，蓝、白、紫色发光二极管为 3～3.2V。

现场操作 9——整流桥的检测

整流桥的表面通常标有其内部结构，即交流输入端用"AC"或"～"表示，直流输入端用"+""-"符号表示。其中"AC"或"～"为交流电压的输入端，"+"为整流后输出电压的正极，"-"为输出电压的负极。

如图 4-46（a）所示是测量"+"极与两个"～"间各整流二极管的正向电阻值；
如图 4-46（b）所示是测量"+"极与两个"～"间各整流二极管的反向电阻值。
如图 4-46（c）所示是测量"-"极与两个"～"间各整流二极管的正向电阻值。
如图 4-46（d）所示是测量"-"极与两个"～"间各整流二极管的反向电阻值。

检测时，可通过分别测量"+"极与两个"～""-"极与两个"～"之间各整流二极管的正、反向电阻值（与普通二极管的测量方法相同）是否正常，即可判断该全桥是否已损坏。若测得全桥内 4 只二极管的正、反向电阻值均为 0 或均为无穷大，则可判断桥内部该二极管已被击穿或开路损坏。

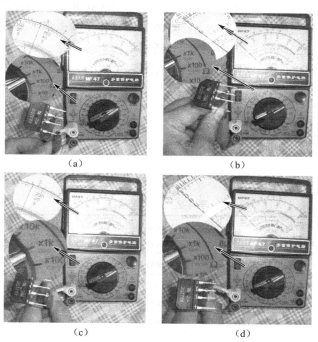

图 4-46　整流桥的检测

现场操作 10——稳压二极管的检测

稳压二极管其极性与性能好坏的测量与普通二极管的测量方法相似，不同之处在于：当使用指针式万用表的 R×1kΩ 挡测量二极管时，测得其反向电阻是很大的，此时，将万用表转换到 R×10kΩ 挡，如果出现万用表指针向右偏转较大角度，即反向电阻值减小很多的情况，则该二极管为稳压二极管；如果反向电阻基本不变，说明该二极管是普通二极管。其测量示意图如图 4-47 所示。

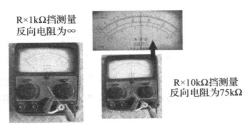

图 4-47　确定稳压二极管的测量示意图

稳压二极管的测量原理是：万用表 R×1kΩ 挡的内电池电压较小，通常不会使普通二极管和稳压二极管击穿，所以测出的反向电阻都很大。当万用表转换到 R×10kΩ 挡时，万用表内电池电压变得很大，使稳压二极管出现反向击穿现象，所以其反向电阻下降很多，由于普通二极管的反向击穿电压比稳压二极管高得多，因而普通二极管不被击穿，其反向电阻仍然很大。

若测得稳压二极管的正、反向电阻均很小或均为无穷大，则说明该二极管已被击穿或开路损坏。

4.7　二极管总结

现将二极管的相关知识总结如表 4-2 所示，以便于掌握和记忆。

表 4-2　二极管总结

1	整流电路的作用是对交流电压进行整形，即把交流电压变换为单向脉动的直流电压。整流电路一般由整流二极管或整流桥来担任。整流电路常采用的电路形式有半波整流、全波整流和全桥整流
2	二极管具有整流、开关、限幅、检波、稳压、变容、发光、过压保护等作用
3	变容二极管的特点是结电容与加到管子上的反向电压大小成反比，即在一定范围内，反向电压越低，结电容越大；反向电压越高，结电容越小，可利用这种特性作为可变电容使用
4	双向触发二极管通常应用于过压保护电路、移相电路、晶闸管触发电路等电路中
5	二极管的规格品种很多，按所用半导体材料的不同，可以分为锗二极管、硅二极管、砷化镓二极管；按结构工艺不同，可分为点接触型二极管和面接触型二极管；按用途分为整流二极管、开关二极管、稳压二极管、检波二极管、发光二极管、钳位二极管等；按频率分，有普通二极管和快恢复二极管等；按引脚结构分，有二引线型、圆柱型（玻封或塑封）和小型塑封型
6	整流二极管是将交流电转变（整流）成脉动直流电的二极管。它是利用二极管的单向导电性工作的。整流二极管的外壳封装常采用金属壳封装、塑料封装和玻璃封装三种形式
7	二极管的伏安特性曲线就是加在二极管两端的电压 V_D 与通过二极管的电流 I_D 的关系曲线

（续表）

8	检波二极管是把在高频载波上的低频信号卸载下来（去载）的器件，具有较高的检波效率和良好的频率特性
9	开关二极管是利用二极管的单向导电性，导通时相当于开关闭合（电路接通），截止时相当于开关打开（电路切断）而特殊设计制造的一类二极管
10	稳压二极管国外又称齐纳二极管，它是利用硅二极管的反向击穿特性（雪崩现象）来稳定直流电压的，根据击穿电压来确定稳压值
11	常见的发光二极管发光颜色有红色、黄色、绿色、橙色、蓝色、白色等
12	双色二极管是将两种颜色的发光二极管制作在一起，常见的有红绿双色发光二极管
13	二极管的主要技术指标有额定正向工作电流、反向击穿电压、最高反向工作电压、最大浪涌电流、最高工作频率等
14	小功率二极管的负极通常在表面用一个色环标出
15	发光二极管通常用引脚长短来标识正、负极，长脚为正极，短脚为负极；仔细观察发光二极管，可以发现内部的两个电极一大一小：一般电极较小、个头较矮的一个是发光二极管的正极，电极较大的一个是负极，负极一边带缺口
16	有引线的贴片二极管，管体有白色色环的一端为负极；有引线而无色环的贴片二极管，引线较长的一端为正极；无引线的贴片二极管，表面有色带或者有缺口的一端为负极
17	整流桥的表面通常标注内部电路结构或交流输入端及直流输出端的名称，交流输入端通常用"AC"或"~"表示；直流输出端通常以"+""-"符号表示

第 5 章

三极管的应用、识别与检测

三极管的工作状态有三种：放大、饱和、截止，因此，三极管是放大电路的核心元件——具有电流放大能力，同时又是理想的无触点开关元器件。

5.1 三极管的应用

5.1.1 放大三极管

分压式放大电路的基本组成如图 5-1 所示，各元件的主要作用如下。

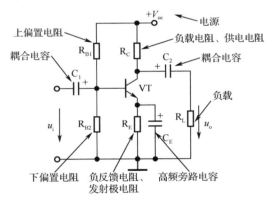

图 5-1 分压式放大电路的基本组成

VT 为放大管；R_{B1}、R_{B2} 分别为上、下偏置电阻，把电源分压后为三极管提供正偏；R_C 为供电电阻，为三极管提供反偏，它同时又把放大电流转换为电压，因此又称为负载电阻；R_E 为发射极电阻，又称为负反馈电阻；C_1、C_2 分别为输入、输出耦合电容；C_E 为高频旁路电容，可以提高放大电路的放大能力；V_{CC} 为电源。

5.1.2 开关三极管

三极管的开关原理如图 5-2 所示。当输入端加上信号（如+5V 高电平）时，三极管 VT_1 处于饱和状态，这时相当于开关接通的情况。当无输入信号时（如 0V 低电平）时，三极管 VT_1 处于截止状态，这时就相当于开关断开的情况。

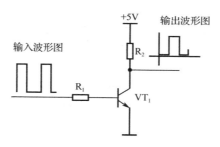

图 5-2　三极管的开关原理图

5.1.3　匹配三极管

如图 5-3 所示为匹配三极管的基本放大电路。集电极为放大电路输入、输出信号的公共端，所以为共集电极放大电路；放大电路的交流信号由三极管的发射极经耦合电容 C_2 输出，故又名射极输出器。

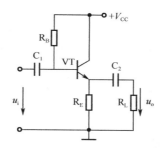

图 5-3　匹配三极管的基本放大电路

根据理论计算可知。

① 射极输出器的电压放大倍数恒小于 1，但接近 1。

② 输出电压与输入电压不但大小基本相等且相位同相，即射极输出器的射极输出电压紧紧跟随输入电压的变化而变化，因此，射极输出器又称射极跟随器。

③ 射极输出器的输入电阻较共射极放大电路高，为几十千欧到几百千欧。

利用输入电阻高和输出电阻低的特点，射极输出器被用作多级放大电路的输入级、输出级和中间级。将射极输出器放在电路的首级，可以提高输入电阻；将射极输出器放在电路的末级，可以降低输出电阻，提高带负载能；将射极输出器放在电路的两级之间（中间级），可以起到电路的匹配作用，以及隔离前后级的影响，所以又称为缓冲级，在这里它起着阻抗变换的作用。

5.1.4　振荡三极管

如图 5-4 所示是三极管的振荡电路原理图，其工作原理如下。

接通电源后，基极、集电极电流从无到有产生冲击信号，在 LC 回路中产生频率为 f 的振荡电压，其中一部分信号电压耦合到 L_2，并经 L_2 反馈回放大器基极，以满足相位平衡的条件。同时，只要三极管的放大倍数和变压器 L_1 与 L_2 匝数比恰当，即可满足幅度平衡条件。

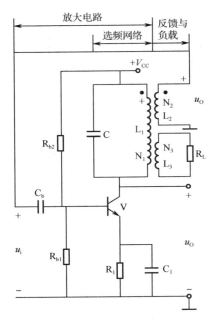

图 5-4 三极管的振荡电路原理图

5.2 晶体管的命名方法

5.2.1 国产晶体管的命名方法

国产晶体管的型号命名由五部分组成,各部分的组成含义见表 5-1。

表 5-1 国产晶体管的型号命名及含义

第一部分:主称(用数字表示器件电极的数目)		第二部分:晶体管的材料和极性		第三部分:类别		第四部分:序号	第五部分:规格号
数字	含义	字母	含义	字母	含义		
2	二极管	A	N 型,锗材料	P	普通管	用数字表示器件的序号	用汉语拼音字母表示规格号
		B	P 型,锗材料	V	微波管		
		C	N 型,硅材料	W	稳压管		
		D	P 型,硅材料	C	参量管		
3	三极管	A	锗材料、PNP 型	X	低频小功率管		
				G	高频小功率管		
		B	锗材料、NPN 型	D	低频大功率管		
				A	高频大功率管		
		C	硅材料、PNP 型	T	半导体闸流管		
				B	雪崩管		

(续表)

第一部分：主称（用数字表示器件电极的数目）		第二部分：晶体管的材料和极性		第三部分：类别		第四部分：序号	第五部分：规格号
数字	含义	字母	含义	字母	含义		
3	三极管	D	硅材料、NPN型	J	阶跃恢复管		
				CS	场效应器件		
				BT	半导体特殊器件		
		E	化合物材料	FH	复合管		
				PIN	PIN型管		
				JG	激光器件		

国产二极管、三极管命名方法如图5-5所示。

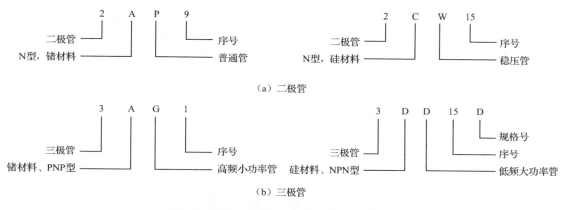

图5-5　国产二极管、三极管命名方法示意图

5.2.2　美国晶体管的命名方法

美国电子工业协会（EIA）规定的晶体管分立器件型号的命名方法见表5-2。

表5-2　美国电子工业协会晶体管的命名方法

第一部分		第二部分		第三部分		第四部分		第五部分	
用符号表示用途的类别		用数字表示PN结的数目		美国电子工业协会（EIA）注册标志		美国电子工业协会（EIA）登记顺序号		用字母表示器件分档	
符号	意义	符号	意义	符号	意义	符号	意义	符号	意义
JAN或J	军用品	1	二极管	N	该器件已在美国电子工业协会注册登记		多位数	该器件在美国电子工业协会登记的顺序号	AB CD …	同一型号的不同档别
		2	三极管						
无	非军用品	3	三个PN结器件						
		n	n个PN结器件						

美国晶体管型号命名法的特点：

（1）型号命名法规定较早，又未进行过改进，型号内容很不完备。例如，对于材料、极性、主要特性和类型，在型号中不能反映出来。例如，2N开头的既可能是一般晶体管，也可能是场效应管。因此，仍有一些厂家按自己规定的型号命名法命名。

（2）组成型号的第一部分是前缀，第五部分是后缀，中间的三部分为型号的基本部分。

（3）除去前缀以外，凡型号以 1N、2N 或 3N…开头的晶体管分立器件，大都是美国制造的，或按美国专利在其他国家制造的产品。

（4）第四部分数字只表示登记序号，而不含其他意义。因此，序号相邻的两器件可能特性相差很大。例如，2N3464 为硅 NPN，高频大功率管，而 2N3465 为 N 沟道场效应管。

（5）不同厂家生产的性能基本一致的器件，都使用同一个登记号。同一型号中某些参数的差异常用后缀字母表示。因此，型号相同的器件可以通用。

（6）登记序号数大的通常是近期产品。

美国三极管命名方法如图 5-6 所示。

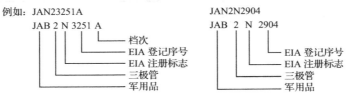

图 5-6 美国三极管命名方法示意图

5.2.3 日本晶体管的命名方法

日本半导体分立器件的型号由 5～7 个部分组成，通常只用到前 5 个部分，各部分的符号及其含义见表 5-3。

表 5-3 日本晶体管各部分的符号及其含义

第一部分		第二部分		第三部分		第四部分		第五部分	
用数字表示类型或有效电极数		表示日本电子工业协会（EIAJ）注册产品		用字母表示器件的极性及类型		用数字表示在日本电子工业协会登记的顺序号		用字母表示对原来型号的改进产品	
符号	含义	符号	含义	符号	含义	符号	含义	符号	含义
0	光电（即光敏）二极管、晶体管及组合管	S	表示已在日本电子工业协会（EIAJ）注册登记的半导体分立器件	A	PNP 型高频管	两位以上的整数	从"11"开始，表示晶体电子工业协会注册登记的顺序号；不同公司性能相同的器件可以使用同一顺序号；数字越大，越是近期产品	AB CD EF	用字母"F"表示对原来型号的改进产品
				B	PNP 型低频管				
1	二极管			C	NPN 型高频管				
				D	NPN 型低频管				
2	三极管或具有两个 PN 结的其他晶体管			F	P 控制极晶闸管				
				G	N 控制极晶闸管				
3 … n-1	具有 4 个有效电极或具有 3 个 PN 结的晶体管 具有 n 个有效电极或具有 n-1 个 PN 结的晶体管			H	N 基极单结晶体管				
				J	P 沟道场效应管				
				K	N 沟道场效应管				
				M	双向晶闸管				

日本半导体器件型号命名法的特点如下。

（1）型号中的第一部分是数字，表示器件的类型和有效电极数。例如，用"1"表示二极管，用"2"表示三极管。而屏蔽用的接地电极不是有效电极。

（2）第二部分均为字母 S，表示日本电子工业协会注册产品，而不表示材料和极性。

（3）第三部分表示极性和类型。例如用 A 表示 PNP 型高频管，用 J 表示 P 沟道场效应三极管。但是，第三部分既不表示材料，也不表示功率的大小。

（4）第四部分只表示在日本工业协会（EIAJ）注册登记的顺序号，并不反映器件的性能，顺序号相邻的两个器件的某一性能可能相差很远。例如，2SC2680 型的最大额定耗散功率为 200mW，而 2SC2681 的最大额定耗散功率为 100W。但是，登记顺序号能反映产品时间的先后。登记顺序号的数字越大，越是近期产品。

（5）第六、第七两部分的符号和意义在各公司不完全相同。

（6）日本有些半导体分立器件的外壳上标记的型号，常采用简化标记的方法，即把 2S 省略。例如，2SD764，简化为 D764；2SC502A 简化为 C502A。

（7）在低频管（2SB 和 2SD 型）中，也有工作频率很高的管子。例如，2SD355 的特征频率 f_T 为 100MHz，所以，它们也可当高频管用。

（8）日本通常把 $P_{CM} \geq 1W$ 的管子，称作大功率管。

日本三极管命名方法如图 5-7 所示。

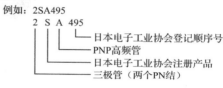

图 5-7　日本三极管命名方法

5.3　三极管的识别

5.3.1　三极管的分类

三极管的分类如图 5-8 所示。

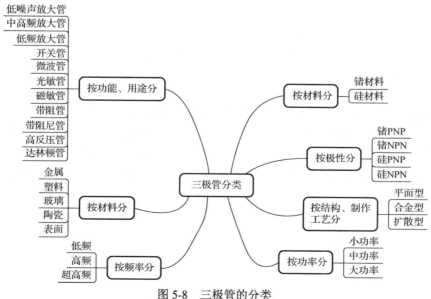

图 5-8　三极管的分类

三极管的种类较多。按三极管制造的材料来分，有硅管和锗管两种；按三极管的内部结构来分，有 NPN 和 PNP 两种；按三极管的工作频率来分，有低频管和高频管和超高频管三种；按三极管允许耗散的功率来分，有小功率管、中功率管和大功率管。

5.3.2 三极管的外形识别

1. 小功率三极管

小功率三极管是电子产品中用得最多的三极管之一，其外形如图 5-9 所示。在通常情况下，把集电极最大允许耗散功率 P_{CM} 在 1W 以下的三极管称为小功率三极管。其具体形状有很多，主要用来放大交、直流信号，如用来放大音频、视频的电压信号，作为各种控制电路中的控制器件等。

（a）金属封装　　　　　（b）塑料封装

图 5-9　小功率三极管的外形

2. 中功率三极管

中功率三极管主要用在驱动和激励电路，为大功率放大器提供驱动信号，其外形如图 5-10 所示。通常情况下，集电极最大允许耗散功率 P_{CM} 在 1～10W 的三极管称为中功率三极管。

（a）金属封装　　　　　（b）塑料封装

图 5-10　中功率三极管的外形

3. 大功率三极管

集电极最大允许耗散功率 P_{CM} 在 10W 以上的三极管称为大功率三极管，其外形如图 5-11 所示。由于大功率三极管耗散功率较大，工作时往往会引起芯片内温度过高，所以要设置散热片，根据这一特征可以判别是否是大功率三极管。大功率三极管常在大功率放大器中使用，通常情况下，三极管输出功率越大，其体积也越大，在安装时所需要的散热片也越大。

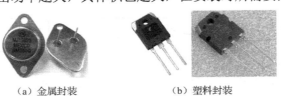

（a）金属封装　　　　　（b）塑料封装

图 5-11　大功率三极管的外形

4. 贴片三极管

采用表面贴装技术 SMT（Surface Mounted Technology）的三极管称为贴片三极管。贴片三极管有三个引脚的，也有四个引脚的，其外形如图 5-12 所示。在四个引脚的三极管中，比较大的一个引脚是集电极，两个相通引脚是发射极，余下的一个引脚是基极。

图 5-12　贴片三极管的外形

贴片三极管的封装形式有很多。一般来讲，封装尺寸小的大都是小功率三极管，封装尺寸大的多为中功率三极管。一般贴片三极管很少有大功率管。贴片三极管有 3 个引脚的，也有 4～6 个引脚的，其中 2 个引脚的为小功率普通三极管，4 个引脚的为双栅场效应管或高频三极管，而 5～6 个引脚的为组合三极管。

5.3.3　三极管符号的识别

三极管在电路中常用字母"Q""V"或"VT"加数字表示，电路原理图中三极管的符号如图 5-13 所示。

（a）NPN型三极管电路符号　　（b）PNP型三极管电路符号

图 5-13　三极管的电路符号

三极管在电路原理图及印制板图中的标示如图 5-14 所示。

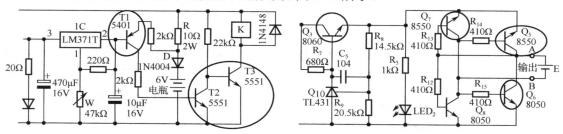

（a）三极管在电路原理图中的标示

（b）通孔三极管在印制板图中的标示

图 5-14　三极管在电路原理图及印制板图中的标示

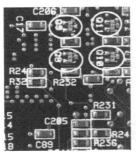 

（c）贴片三极管在印制板图中的标示

图 5-14　三极管在电路原理图及印制板图中的标示（续）

5.3.4　几种特殊三极管的识别

1. 带阻尼三极管

带阻尼三极管是将三极管与阻尼二极管、保护电阻封装为一体所构成的特殊三极管，常用于彩色电视机和计算机显示器的行扫描电路中。常见带阻尼三极管外形、封装及符号如图 5-15 所示。

 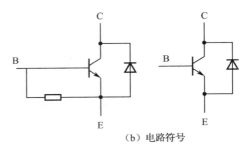

（a）外形图　　　　　　　　　　　　　　　（b）电路符号

图 5-15　带阻尼三极管外形、封装及符号图

2. 差分对管

差分对管是将两只性能参数相同的三极管封装在一起所构成的电子器件，一般用在音频放大器或仪器、仪表的输入电路做差分放大管。差分对管外形、封装及符号如图 5-16 所示。

（a）外形图

图 5-16　差分对管外形、封装及符号图

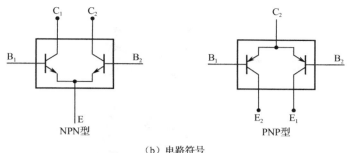

(b) 电路符号

图 5-16 差分对管外形、封装及符号图（续）

3. 带阻三极管

带阻三极管是指基极和发射极之间接有一只或两只电阻并与晶体管封装为一体的三极管。由于带阻三极管通常应用在数字电路中，因此带阻三极管有时又被称为数字三极管或数码三极管。带阻三极管通常作为一个中速开关管，在电路中可看作一个电子开关，但其饱和导通时，管压降很小。广泛应用于电视机、影碟机、录像机、DVD 及显示器等家电产品中。带阻三极管外形、封装及符号如图 5-17 所示。

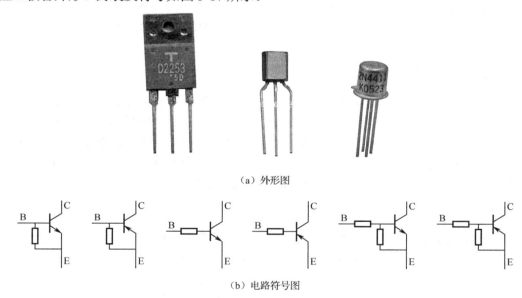

(a) 外形图

(b) 电路符号图

图 5-17 带阻三极管外形、封装及符号图

4. 达林顿管

达林顿管是复合管的一种连接形式。它是将两只三极管或更多只三极管集电极连在一起，将前一只三极管的发射极直接耦合到后面一只三极管的基极，依次级联而成。达林顿管的放大系数很高，主要用于高增益放大电路、电动机调速、逆变电路继电器驱动、LED 显示屏驱动等控制电路。达林顿管外形如图 5-18 所示。

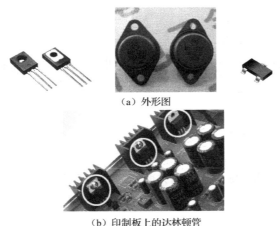

(a)外形图

(b)印制板上的达林顿管

图 5-18　达林顿管的外形图

5.3.5　三极管的特性曲线

三极管的特性曲线是指三极管的各电极电压与电流之间的关系曲线，它反映出三极管的特性。它可以用专用的图示仪显示，也可通过实验测量得到。以 NPN 型硅三极管为例，其常用的特性曲线有以下两种。

1. 输入特性曲线

输入特性曲线是指在一定集电极和发射极电压 U_{CE} 下，三极管的基极电流 I_B 与发射结电压 U_{BE} 之间的关系曲线。实验测得三极管的输入特性曲线如图 5-19 所示。由于基极与发射极之间的发射结相当于一个二极管，所以输入特性曲线与二极管的正向特性曲线相似，只有当 V_{BE} 大于死区电压时，三极管才出现基极电流。这个死区电压的大小与三极管的材料有关：硅管约 0.5V，锗管约 0.2V，这是检查三极管或电路是否正常的重要依据。

2. 输出特性曲线

输出特性曲线是指在一定基极电流 I_B 下，三极管的集电极电流 I_C 与集电结电压 U_{CE} 之间的关系曲线。实验测得三极管的输出特性曲线如图 5-20 所示。

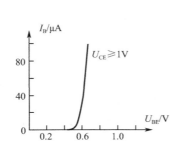

图 5-19　三极管的输入特性曲线

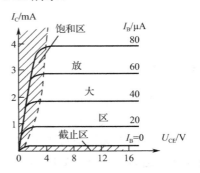

图 5-20　三极管的输出特性曲线

一般把三极管的输出特性分为 3 个工作区域。

（1）截止区

截止区是 $I_B=0$ 以下的区域，即 V_{BE} 在死区电压内，故发射结为反向偏置。三极管工作在截止状态时，具有以下几个特点：

① 发射结和集电结均反向偏置；

② 若不计穿透电流 I_{CEO}，有 I_B、I_C 近似为 0；

③ 三极管的集电极和发射极之间的电阻很大，三极管相当于一个开关断开。

（2）放大区

在图 5-20 中输出特性曲线近似平坦的区域称为放大区。三极管工作在放大状态时，具有以下特点：

① 三极管的发射结正向偏置，集电结反向偏置；

② 基极电流 I_B 微小的变化会引起集电极电流 I_C 较大的变化，电流关系式为：$I_C = \beta I_B$；

③ 对于 NPN 管子电位应有 $V_C > V_B > V_E$，对于 PNP 管子电位应有 $V_E > V_B > V_C$。

（3）饱和区

三极管工作在饱和状态时具有如下特点：

① 三极管的发射结和集电结均正向偏置；

② 三极管的电流放大能力下降，通常有 $I_C < \beta I_B$；

③ U_{CE} 的值很小，称此时的电压 U_{CE} 为三极管的饱和压降，用 U_{CES} 表示。一般硅三极管的 U_{CES} 约为 0.3V，锗三极管的 U_{CES} 约为 0.1V；

④ 三极管的集电极和发射极近似短接，三极管类似于一个开关导通。

当三极管作为开关使用时，通常工作在截止和饱和导通状态；当作为放大元件使用时，一般要工作在放大状态。

在以上三个区域，三极管偏置电压的特点及电流特征等见表 5-4。

表 5-4 三极管偏置电压的特点及电流特征

工作状态	特点	定义	电流特征	说明
截止区	发射结反偏，集电结反偏	集电极与发射极之间内阻很大	I_B 为 0 或很小，I_C 和 I_E 也为零或很小	利用电流为零或很小的特征，可以判断三极管已处于截止状态
放大区	发射结正偏，集电结反偏	集电极与发射极之间内阻受基极电流大小的控制，基极电流大，其内阻小	$I_C = \beta I_B$，$I_E = (1+\beta) I_B$	有一个基极电流就有一个对应的集电极电流和发射极电流，基极电流能够有效地控制集电极和发射极电流
饱和区	发射结正偏，集电结正偏	集电极与发射极之间内阻小	各电极电流均很大，基极电流已无法控制集电极电流与发射极电流	电流放大倍数 β 已经很小，甚至小于 1

工程经验

☆ 通过实测电路板上三极管引脚对地的电压可以判断出管子的工作状态。对于 NPN 管，若测得 $V_C > V_B > V_E$，则该管满足放大状态的偏置；对于 PNP 管，$V_C < V_B < V_E$ 为放大状态。

☆ 若测得三极管的集电极对地电压 V_C 接近电源电压 V_{CC}，则表明管子处于截止状态。

☆ 若测得三极管的集电极对地电压 V_C 接近零（硅管小于 0.7V，锗管小于 0.3V），则表明管子处于饱和状态。

5.3.6 三极管的主要参数

三极管的参数有很多,如电流放大系数、反向电流、耗散功率、集电极最大电流、最大反向电压等,这些参数可以通过查半导体手册得到。三极管的参数是正确选定三极管的重要依据,下面介绍三极管的几个主要参数。

1. 共发射极电流放大倍数

(1) 共发射极直流放大倍数 $\bar{\beta}$(有时写作 h_{FE})

(2) 共发射极交流放大倍数 β(有时写作 h_{fe})

它是指从基极输入信号,从集电极输出信号,此种接法(共发射极)下的电流放大倍数。

同一只三极管,在相同的工作条件下,$\bar{\beta} \approx \beta$。在选用三极管时,$\beta$ 值应适当,β 值太大的管子工作稳定性差。

β 的标注常用色标法和英文字母标注法两种。色标法是用各种不同颜色的色点表示 β 的大小,通常色点涂在管壳的顶面。进口三极管通常采用英文字母标注法,英文字母标注法是在管子型号后面用一个英文字母来表示 β 的大小。小功率三极管用 A,B,C,…,I,M,L,K 十二个字母作为标志。色标法表示 β 值的大小见表5-5。

表5-5 色标法表示 β 值的大小

色标	棕	红	橙	黄	绿	蓝	紫	灰	白	黑
β 值	0~15	15~25	25~40	40~55	55~80	80~120	120~180	180~270	270~400	>400

2. 极间反向电流

(1) 集电极基极间的反向饱和电流 I_{CBO}

集电极基极间的反向饱和电流 I_{CBO} 是指发射极开路,集电结加反向电压时测得的集电极电流。良好的三极管 I_{CBO} 应很小。

(2) 集电极发射极间的穿透电流 I_{CEO}

集电极发射极间的穿透电流 I_{CEO} 是指基极开路,集电极与发射极之间的反向电流,又称穿透电流。I_{CEO} 受温度影响很大,温度越高,I_{CEO} 越大,三极管工作越不稳定。

3. 极限参数

(1) 集电极最大允许电流 I_{CM}

集电极最大允许电流 I_{CM} 是指能够流过集电极的最大直流电流或交流电流的平均值。在选择三极管时,一般选用额定值大约为通常使用状态最大电流2倍以上的管子。

(2) 集电极最大允许耗散功率 P_{CM}

集电极最大允许耗散功率 P_{CM} 是指集电极允许功率损耗的最大值。在使用三极管时,管子的耗散功率不应超过此值,否则,管子的集电结会因为过热而损坏(硅管允许结温约为150℃,锗管约为75℃)。因此,为提高大功率三极管的 P_{CM} 值,可以在三极管表面加装一定面积的散热器。

(3) 反向击穿电压 V_{CEO}

反向击穿电压 V_{CEO} 是指基极开路，集电极与发射极之间所能承受的最高反向电压 V_{CEO}。在使用三极管时，集电极和发射极间所加电压决不能超过此值，否则将损坏管子。

4. 频率特性

三极管的电流放大系数与工作频率有关，如果三极管超过了工作频率范围，会造成放大能力降低甚至失去放大作用。

三极管的频率特性参数包括特征频率 f_T 和最高振荡频率 f_M。

特征频率 f_T：三极管的工作频率超过截止频率时，其电流放大系数 β 将随着频率的升高而下降，特征频率是指 β 降为 1 时三极管的工作频率。

最高振荡频率 f_M：最高振荡频率是指三极管的功率增益降为 1 时所对应的频率。

5.3.7 三极管的封装形式

三极管的三个引脚分布有一定的规律，根据这一规律可以非常方便地进行三个引脚的识别。目前，电子产品中用进口（或合资）三极管较多，部分进口管的引脚排列如图 5-21 所示。

图 5-21 部分进口管的引脚排列

现今比较流行的三极管 9011～9018 系列为高频小功率管，除 9012 和 9015 为 PNP 型管外，其余均为 NPN 型管。

常用的 9011～9018、1815 系列三极管管脚排列如图 5-22 所示。引脚朝下，从左至右依次是 E、C、B，即 1 是发射极 E，2 是集电极 C，3 是基极 B。

贴片三极管有三个电极的，也有四个电极的。一般三个

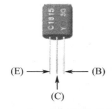

图 5-22 进口三极管管脚排列图

电极的贴片三极管从顶端往下看有两边,上边只有一脚的为集电极,下边的两脚分别是基极和发射极。在四个电极的贴片三极管中,较大的一个引脚是三极管的集电极,另有两个引脚相通是发射极,余下的一个是基极。贴片三极管引脚排列如图 5-23 所示。

图 5-23　贴片三极管引脚排列图

5.4　现场操作——三极管的检测

5.4.1　现场操作 11——普通三极管的检测

万用表判别三极管引脚极性的原理是:三极管由两个 PN 结构成,对于 NPN 型三极管,其基极是两个 PN 结的公共正极;对于 PNP 型三极管,其基极是两个 PN 结的公共负极,由此可以判别三极管的基极和管极型。当加在三极管的发射结电压为正,集电结电压为负时,三极管工作在放大状态且此时三极管的穿透电流较大,据此特点可以测出三极管的发射极和集电极。

1. 指针式万用表检测三极管

1)指针式万用表检测普通三极管

指针式万用表判断普通三极管的三个电极、极性及好坏时,选择 R×100Ω 或 R×1kΩ 挡位,常分两步进行测量判断。

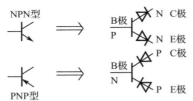

图 5-24　三极管的内部等效图

(1)三颠倒,找基极;PN 结,定极型

三极管的内部等效图如图 5-24 所示,在测量时要时刻想着此图,从而做到熟能生巧。

① 三颠倒,找基极。任取一个电极,把它定为基极(如这个电极为 2),任意一只表笔接这个电极,另一只表笔去测量剩下的两只电极(如电极 1、3),记下两次数据;然后对调表笔,再按上述方法测量一次,记下两次数据。在这三次颠倒测量中(不一定必须测三次),直到测量结果为两次阻值都很小(正向电阻),两次阻值都很大(反向电阻),那么假定的基极正确。

② PN 结,定管型。找出三极管的基极后,就可以根据基极与另外两个电极之间 PN 结的方向来确定管子的导电类型。在上述测量过程中,黑表笔接基极,测量结果阻值都很小,则该管为 NPN 型;反之,红表笔接基极,测量结果阻值都很小,则该管为 PNP 型。找基极、定极型的测量如图 5-25 所示。

第5章 三极管的应用、识别与检测

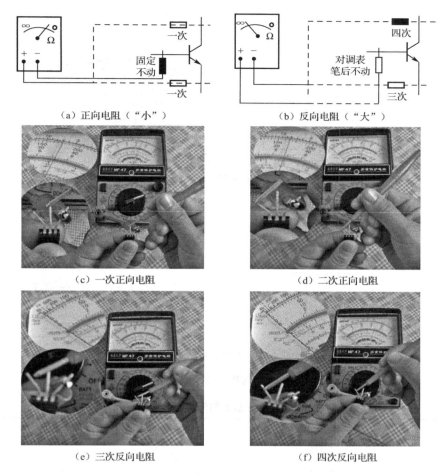

图 5-25 找基极、定极型的测量示意图

（2）判断发射极和集电极

基极找到之后，判断出 PNP 型或 NPN 型，再找发射极和集电极。若为 NPN 型，假设黑笔接的是集电极，红笔接的是发射极，加合适电阻（50～100kΩ电阻或湿手指）在黑笔与基极之间，记住此时的阻值，然后对调两表笔，电阻仍跨接在黑笔与基极之间（电阻随着黑笔走），万用表又指出一个阻值，比较两次所测数值的大小，哪次阻值小（偏转大），这次的假设就是正确的。如图 5-26 所示。

PNP 型与 NPN 型正好相反，移动红笔接假设的基极，电阻（手指）随着红笔走。

正常三极管极间正反向电阻值见表 5-6。

2）带阻三极管的检测

带阻三极管检测与普通三极管基本类似，但由于其内部接有电阻，故检测出来的阻值大小稍有不同。以图 5-27 中的 NPN 型三极管为例，选用指针式万用表，量程置于 R×1kΩ挡，若带阻三极管正常，则有如下规律。

B、E 极之间正反向电阻都比较小（具体测量值与内接电阻有关），但 B、E 极之间的正向电阻（黑笔接 B，红笔接 E）会略小一点，因为当测正向电阻时发射结会导通。

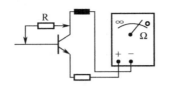 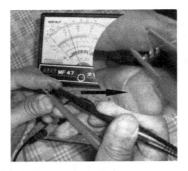

(a)偏转大正确

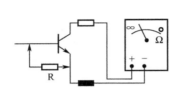 

(b)偏转小不正确

图 5-26　万用表判断发射极和集电极的方法

表 5-6　正常三极管极间正反向电阻值

所测电极	正向电阻	反向电阻	
BE	几百Ω～几 kΩ	几十 kΩ～几百 kΩ	用 R×100Ω 或 R×1kΩ挡位测量
BC	几百Ω～几 kΩ	几十 kΩ～几百 kΩ	
CE	≥几十 kΩ	≥几百 kΩ	

B、C 极之间正向（黑笔接 B，红笔接 C）电阻小，反向电阻接近无穷大。

E、C 极之间正反向电阻（黑笔接 C，红笔接 E）都接近无穷大。

当检测结果与上述不相时，可判断为带阻三极管损坏。

3）带阻尼三极管的检测

带阻尼三极管检测与普通三极管基本类似，但由于其内部接有阻尼二极管，故检测出来的阻值大小稍有不同。以图 5-28 中的 NPN 型三极管为例，选用指针式万用表，量程置于 R×1kΩ 挡，若带阻尼三极管正常，则有如下规律。

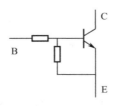 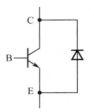

图 5-27　带阻三极管的检测　　　　　图 5-28　带阻尼三极管的检测

B、E 极之间正反向电阻都比较小,但其正向电阻(黑笔接 B,红笔接 E)会略小一点。

B、C 极之间正向电阻(黑笔接 B,红笔接 C)小,反向电阻接近无穷大。

E、C 极之间正向电阻(黑笔接 C,红笔接 E)接近无穷大,反向电阻很小(因为阻尼二极管会导通)。

当检测结果与上述不相时,可判断为带阻尼三极管损坏。

4)达林顿(复合管)三极管的检测

以图 5-29 中的 NPN 型达林顿三极管为例,选用指针式万用表,量程置于 R×10kΩ 挡,若达林顿三极管正常,则有如下规律:

B、E 极之间正向电阻(黑笔接 B,红笔接 E)小,但其反向电阻无穷大;

B、C 极之间正向电阻(黑笔接 B,红笔接 C)小,反向电阻接近无穷大;

E、C 极之间正反向电阻都接近无穷大。

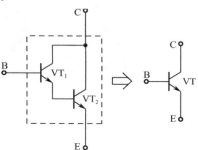

图 5-29 达林顿三极管的检测

当检测结果与上述不相时,可判断为达林顿三极管损坏。

2. 数字式万用表检测三极管

利用数字万用表不仅可以判别三极管引脚极性,测量共发射极电流放大系数 h_{FE},还可以鉴别硅管与锗管。由于数字万用表电阻挡的测试电流很小,所以不适用于检测三极管,应使用二极管挡或 h_{FE} 挡进行测试。

将数字万用表置于二极管挡位,红表笔固定任接某个引脚,用黑表笔依次接触另外两个引脚,如果两次显示值均小于 1V 或都显示溢出符号"OL"或"1",则红表笔所接的引脚就是基极 B。如果在两次测试中,一次显示值小于 1V,另一次显示溢出符号"OL"或"1"(视不同的数字万用表而定),则表明红表笔所接的引脚不是基极 B,应更换其他引脚重新测量,直到找出基极 B 为止。

基极确定后,用红表笔接基极,黑表笔依次接触另外两个引脚,如果显示屏上的数值都显示为 0.600~0.800V,则所测三极管属于硅 NPN 型中、小功率管。其中,显示数值较大的一次,黑表笔所接引脚为发射极。如果显示屏上的数值都显示为 0.400~0.600V,则所测三极管属于硅 NPN 型大功率管。其中,显示数值大的一次,黑表笔所接的引脚为发射极。

用红表笔接基极,黑表笔先后接触另外两个引脚,若两次都显示溢出符号"OL"或"1",调换表笔测量,即黑表笔接基极,红表笔接触另外两个引脚,显示数值都大于 0.400V,则表明所测三极管属于硅 PNP 型,数值大的那次,红表笔所接的引脚为发射极。

数字万用表在测量过程中,若显示屏上的数值都小于 0.400V,则所测三极管属于锗管。

5.4.2 现场操作 12——三极管放大倍数的检测

h_{FE} 是三极管的直流电流放大系数。用数字万用表或指针式万用表都可以方便地测出三极管的 h_{FE}。将数字或指针式万用表置于 h_{FE} 挡位,若被测三极管是 NPN 型管,则将管子的各引脚插入 NPN 插孔相应的插孔中(被测三极管是 PNP 型管,则将管子的各引脚插入 PNP 插孔相应的插孔中），此时显示屏就会显示出被测管的 h_{FE}，用万用表测量三极管放大系数示意图如图 5-30 所示。

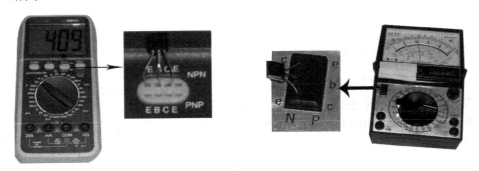

图 5-30　万用表测量三极管放大系数示意图

5.5　三极管总结

现将三极管的相关知识总结如表 5-7 所示，以便于掌握和记忆。

表 5-7　三极管总结

1	常用的三极管电路有放大电路、开关电路、匹配电路、振荡电路等
2	三极管的种类较多。按三极管制造的材料来分，有硅管和锗管两种；按三极管的内部结构来分，有 NPN 和 PNP 两种；按三极管的工作频率来分，有低频管和高频管两种；按三极管允许耗散的功率来分，有小功率管、中功率管和大功率管
3	把集电极最大允许耗散功率 P_{CM} 在 1W 以下的三极管称为小功率三极管。集电极最大允许耗散功率 P_{CM} 在 1～10W 的三极管称为中功率三极管。集电极最大允许耗散功率 P_{CM} 在 10W 以上的三极管称为大功率三极管
4	贴片三极管有三个引脚的，也有四个引脚的。在四个引脚的三极管中，比较大的一个引脚是集电极，两个相通引脚是发射极，余下的一个引脚是基极
5	几种特殊三极管是带阻尼三极管、差分对管、带阻三极管、达林顿管
6	三极管的特性曲线主要有输入特性曲线和输出特性曲线
7	三极管的输出特性分为 3 个工作区域：截止区，发射结和集电结均反向偏置；放大区，三极管的发射结正向偏置，集电结反向偏置；饱和区，三极管的发射结和集电结均正向偏置
8	对于 NPN 管，若测得 $V_C > V_B > V_E$，则该管满足放大状态的偏置；对于 PNP 管，$V_C < V_B < V_E$ 为放大状态
9	三极管的主要参数有共发射极电流放大倍数、极间反向电流、极限参数和频率特性等
10	万用表检测三极管可分两步：第 1 步，三颠倒，找基极；PN 结，定极型。第 2 步，判断发射极和集电极

第 6 章

场效应管的应用、识别与检测

场效应管是场效应晶体管的简称，具有输入电阻高、噪声小、功耗低、安全工作区域宽、受温度影响小等优点，特别适用于要求高灵敏度和低噪声的电路。场效应管和三极管都能实现信号的控制和放大，但由于它们的结构和工作原理截然不同，所以二者的差别很大。三极管是一种电流控制元件，而场效应管是一种电压控制器件，在电路中主要起信号放大、阻抗变换等作用。

6.1 场效应管的应用

6.1.1 场效应管共源极放大电路

如图 6-1 所示的是分压-自偏压式共源极放大电路。输入电压 V_i 加在场效应管的栅极与源极之间，输出电压 V_o 从漏极与源极之间得到。可见输入、输出回路的公共端为场效应管的源极，因此称为共源极放大电路。静态时，栅极电压由 V_{CC} 经过电阻 R_1、R_2 分压后获得，静态漏极电流 I_{DQ} 流过电阻 R_S 产生一个自偏压 $U_{SQ}=I_{DQ}R_S$，则场效应管的静态偏置电压 U_{GSQ} 由分压和自偏压的结果共同决定，即 $U_{GSQ}=U_{GQ}-U_{SQ}$，因此该电路称为分压-自偏压式共源极放大电路。显然，与三极管分压式偏置电路中的发射极电阻 R_E 类似，引入的源极电阻 R_S 也有利于稳定静态工作点。同样为了避免因接入 R_S 而引起电压放大倍数下降，在 R_S 的两端并联一个旁路电容。接入栅极电阻 R_G 的作用是提高放大电路的输入电阻。

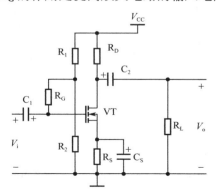

图 6-1 分压-自偏压式共源极放大电路

6.1.2 场效应管共漏极放大电路

共漏极放大电路又称源极输出器或源极跟随器。由 N 沟道增强型 MOS 场效应管组成的共漏极放大电路如图 6-2 所示。该放大电路的输入回路和输出回路的公共端为场效应管的漏极，故称为共漏极放大电路。由于放大电路的输出信号从场效应管的源极引出，故该电路又被称为源极输出器。

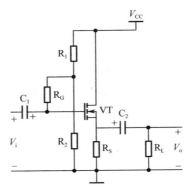

图 6-2 MOS 场效应管组成的共漏极放大电路

6.1.3 场效应管构成的触摸开关电路

场效应管构成的触摸开关电路如图 6-3 所示。VT_1 是 N 沟道增强型绝缘栅场效应管，有很高的输入阻抗。集成运放 CF741 作为敏感电压开关，用来驱动晶体管 VT_2，从而使继电器 J 的触点吸合，由继电器 J（直流、12V）的触点 A、B 再去控制其他设备。

电容 C 的左端是触摸板，它是一块导体。当用手触摸导体时，人体中的感应电压被 VT_1 放大。触点 A、B 可接入报警器等。

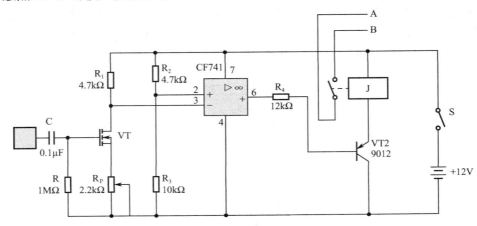

图 6-3 场效应管构成的触摸开关电路

6.1.4 场效应管构成的放大器输入级电路

场效应管构成的放大器输入级电路如图 6-4 所示。输入级又称前置级,是用来实现阻抗变换的。由结型场效应管 VT_1 组成源极跟随器作为输入级电路,它具有输入阻抗高(达 1MΩ 以上)、输出阻抗低的特点,符合中间级音调控制电路的低阻抗要求。

输出信号通过 C_3 耦合到音量调节电位器 R_P 上,以调节输入到下一级的信号大小,达到调节音量大小的目的。

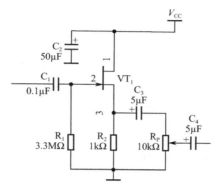

图 6-4 场效应管构成的放大器输入级电路

6.2 场效应管的识别

6.2.1 场效应管的分类

场效应管的分类如图 6-5 所示。场效应管可分为结型场效应管(JFET)和绝缘栅型场效应管(MOSFET)两大类。结型场效应管因有两个 PN 结而得名;绝缘栅型场效应管则因栅极与其他电极完全绝缘而得名。结型场效应管又分为 N 沟道和 P 沟道两种;绝缘栅型场效应管除有 N 沟道和 P 沟道之分外,还有增强型与耗尽型之分。

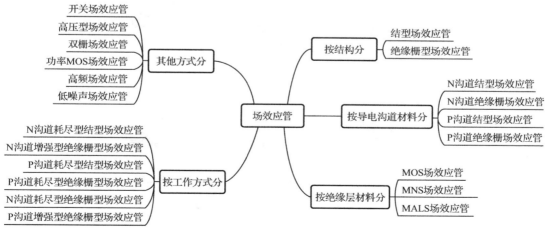

图 6-5 场效应管的分类

6.2.2 场效应管的命名法

国产场效应管的型号命名方法有两种：第一种是与普通三极管相同，第一部分用数字 3 表示主称；第二部分用字母表示材料：D 是 P 型硅 N 沟道，C 是 N 型硅 P 沟道；第三部分用字母表示管子种类：字母 J 代表结型场效应管，O 代表绝缘栅场效应管；第四部分用数字表示序号，命名方法如图 6-6 所示。

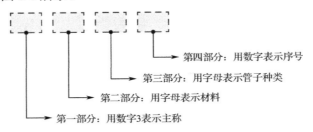

图 6-6 场效应管的命名法

场效应管命名示例：3DJ6D 表示结型 N 沟道场效应管；3DO6C 表示绝缘栅型 N 沟道场效应管。

第二种命名方法采用字母"CS"+"××#"的形式，其中"CS"代表场效应管，"××"以数字代表型号的序号，"#"用字母代表同一型号中的不同规格，如 CS16A、CS55G 等。

6.2.3 场效应管的外形识别

场效应管的外形及封装如图 6-7 所示。

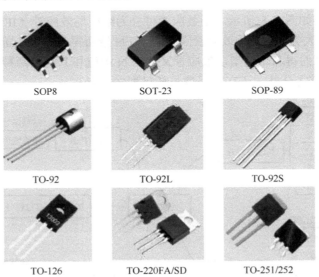

图 6-7 场效应管的外形及封装

6.2.4 场效应管符号的识别

场效应管在电路原理图中常用字母"V""VT"表示,图形符号如图 6-8 所示。场效应管图形符号中的箭头,是用来区分类型的。箭头从外指向芯片表示 N 沟道型场效应管;箭头从芯片指向外表示 P 沟道型场效应管。

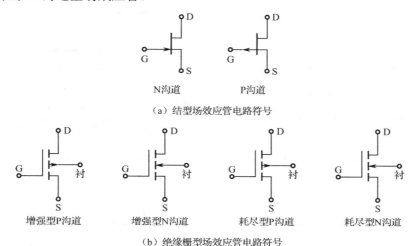

图 6-8　场效应管在电路中的图形符号

与三极管一样,场效应管也有三个电极,分别是栅极 G、源极 S、漏极 D。场效应管可看作一只普通三极管,栅极 G 对应基极 B,漏极 D 对应集电极 C,源极 S 对应发射极 E(N 沟道对应 NPN 型三极管,P 沟道对应 PNP 型三极管)。

场效应管引脚排列位置根据其品种、型号及功能不同而异。对于大功率场效应管,如图 6-9(a)所示,从左至右,引脚排列基本为 G、D、S 极(散热片接 D 极);采用绝缘底板模块封装的特种场效应管通常有四个引脚,如图 6-9(b)所示,上面的两个引脚通常为两个 S 极(相连),下面的两个引脚分别为 G、D 极;采用贴片封装的场效应管,如图 6-9(c)所示,散热片是 D 极,下面的三个引脚分别是 G、D、S 极。

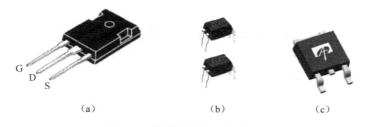

图 6-9　场效应管的引脚排列

6.2.5 场效应管的特性曲线

由于场效应管很少用到输入特性曲线,因此下面主要介绍常用的场效应管输出特性曲线和转移特性曲线。

1. 输出特性曲线

输出特性曲线是指在一定的栅极电压 U_{GS} 作用下，电流 I_D 与 U_{DS} 之间的关系曲线，可反映漏-源电压 U_{DS} 对 I_D 的影响。场效应管的输出特性曲线如图 6-10 所示。

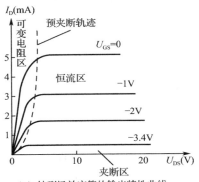
（a）结型场效应管的输出特性曲线

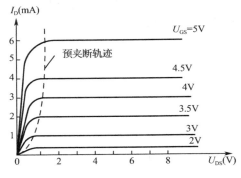
（b）N沟道增强型MOS管的输出特性曲线

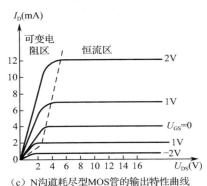
（c）N沟道耗尽型MOS管的输出特性曲线

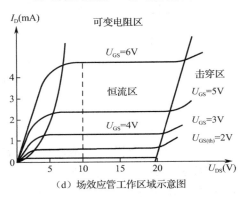
（d）场效应管工作区域示意图

图 6-10　场效应管的输出特性曲线

场效应管的工作状态可分为 4 个区域。

（1）可变电阻区

可变电阻区位于输出特性曲线的起始部分，表示 U_{DS} 较小，管子预夹断前，电压 U_{DS} 与漏极电流 I_D 之间的关系。

在此区域内，有 $U_P<U_{GS}\leq 0$，$U_{DS}<U_{GS}-U_P$。当 U_{GS} 一定，U_{DS} 较小时，U_{DS} 对沟道的影响不大，沟道电阻基本不变，I_D 与 U_{DS} 之间基本呈线性关系。若 $|U_{GS}|$ 增加，则沟道电阻增大，输出特性曲线斜率减小。所以，在 U_{DS} 较小时，源-漏极之间可以看作一个受 U_{GS} 控制的可变电阻，故称这一区域为可变电阻区。这一特点常使结型场效应管被作为压控电阻而广泛应用。

（2）饱和区（恒流区、线性放大区）

当 $U_P<U_{GS}\leq 0$，且 $U_{DS}\geq U_{GS}-U_P$ 时，N 沟道结型场效应管进入饱和区，即图中特性曲线近似水平的部分。它表示管子预夹断后，电压 U_{DS} 与漏极电流 I_P 之间的关系。饱和区的特点是 I_D 几乎不随 U_{DS} 的变化而变化，I_D 已趋于饱和，但它受 U_{DS} 的控制。沟道电阻增加，I_D 减小。场效应管作线性放大器件用时，就工作在饱和区。

（3）击穿区

管子预夹断后，若 U_{DS} 继续增大，则当栅-漏极间 PN 结上的反偏压 U_{GD} 增大到使 PN 结发生击穿时，I_D 将急剧上升，特性曲线进入击穿区。管子被击穿后再不能正常工作。

（4）截止区（又称夹断区）

当栅-源电压 $|U_{GS}|>U_P$ 时，沟道全部被夹断，$I_D≈0$，这时场效应管处于截止状态。截止区处于输出特性曲线的横坐标轴附近（图中没有标注）。

2. 转移特性曲线

漏极电流 I_D 和栅-源电压 U_{GS} 的关系称为场效应管的转移特性，当 I_D 较大时，I_D 与 U_{GS} 的关系近似线性，曲线的斜率定义为跨导 G_{fs}。

转移特性曲线用来描述 U_{DS} 取一定值时，I_D 与 U_{GS} 之间的关系，它反映了栅-源电压 U_{GS} 对 I_D 的控制作用。场效应管的转移特性曲线如图 6-11 所示。

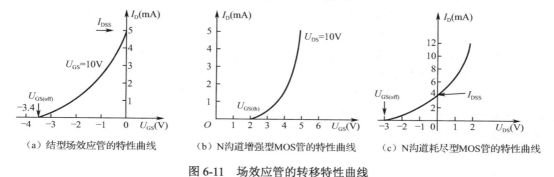

图 6-11 场效应管的转移特性曲线

6.3 现场操作 13——场效应管的检测

1. 指针式万用表检测场效应管

结型场效应管的源极和漏极一般可互换使用，因此一般只要判别出其栅极 G 即可，场效应管的检测如图 6-12 所示。判别时，将万用表置于 R×1kΩ 挡，任选两电极，分别测出它们之间的正、反向电阻。若正、反向电阻值相等（约几千欧），则该两极为漏极 D 和源极 S，余下的则为栅极 G。

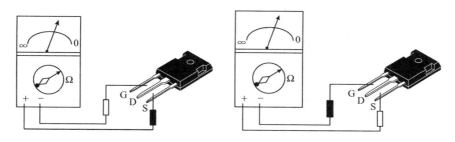

图 6-12 场效应管的检测

也可以根据 PN 结单向导电原理，将万用表置于 R×1kΩ 挡，将黑表笔接触管子的一个电极，红表笔分别接触管子的另外两个电极，若测得的阻值都很小，则黑表笔所接的是栅极，且为 N 沟道场效应管。对于 P 沟道场效应管，红表笔接触管子的一个电极，黑表笔分别接触管子的另外两个电极，测得阻值都很小时红表笔所接的是栅极。

检测时,若栅极 G 分别与漏极 D、源极 S 之间均能测得一个固定阻值,则说明场效应管良好,如果它们之间的阻值趋于零或无穷大,则表明场效应管已损坏。

判断出三个电极后,还要判断管子的放大能力,方法是:将万用表的红、黑表笔分别接 S 极、D 极,然后用手指碰触 G 极,如果万用表指针有较大幅度的摆动,说明管子有较大的放大能力;如果表针摆动幅度较小或几乎不摆动,则说明管子不能使用。

2. 指针式万用表检测 VMOS 场效应管

1)判断引脚电极

(1)判断栅极 G。将万用表置于 R×1kΩ 挡,分别测量三个引脚之间的电阻值,如果测得某引脚与其余引脚间电阻为无穷大,且交换表笔测量时阻值仍为无穷大,则证明该引脚是栅极 G。因为从结构上看,栅极与其余两个引脚是绝缘的,但要注意,此种测量方法只对管内无保护二极管的 VMOS 管适用。

(2)判断源极 S 和漏极 D。将万用表置于 R×1kΩ 挡,先将 VMOS 管三个电极短接一下,然后用交换表笔的方法测量两次,如果管子无故障,测得结果必然会为一大一小,其中阻值较大的一次测量中,黑表笔所接的为漏极 D,红表笔所接的是源极 S;而阻值较小的一次测量中,红表笔所接的是漏极 D,黑表笔所接的源极 S。这种规律还证明,被测管为 N 沟道管;如果被测管为 P 沟道管,则所测阻值的大小规律正好相反。

2)好坏的判断

用万用表 R×1kΩ 挡去测量管子任意两个引脚的正、反电阻值。如果出现两次以上电阻值较小(几乎为 0),则该管子已经损坏;如果仅出现一次电阻值较小(一般为数百欧),其余各次测量电阻值均为无穷大,还需进一步判断(仅对管内无保护二极管的 VMOS 管适用)。以 N 沟道管子为例,可依次进行下述测量,以判断管子是否良好。

(1)万用表置于 R×1kΩ 挡。先将被测 VMOS 管的栅极 G 与源极 S 短接一下,然后将红表笔接漏极 D,黑表笔接源极 S,所测阻值应为数千欧。测量方法如图 6-13 所示。

(2)先用导线短接 G 极与 S 极,将万用表置于 R×10kΩ 挡,红表笔接 S 极,黑表笔接 D 极,阻值应接近无穷大,否则说明 VMOS 管内部 PN 结的反向特性比较差。测量方法如图 6-14 所示。

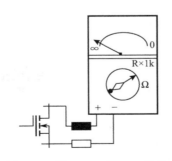
图 6-13 测 VMOS 管 R_{SD} 的值

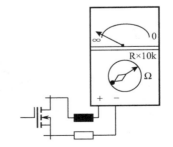
图 6-14 测 VMOS 管 R_{DS} 的值

(3)将万用表置于 R×10kΩ 挡,把上述测量 G 极与 S 极间短路线去掉,表笔位置不动,将 D 极与 G 极短接一下再脱开,相当于给栅极注入了电荷,此时阻值应大幅度减小并稳定在某一阻值。此阻值越小说明跨导值越高,管子的性能越好。如果万用表指针向右摆幅越小,说明管子的跨导值越小,测量方法如图 6-15 所示。

（4）将万用表置于 R×10kΩ 挡，紧接上述测量操作，表笔不动，电阻值维持在某一数值，用镊子等导电物将 G 极与 S 极短接一下，给栅极放电，万用表指针应立即向左转至无穷大。测量方法如图 6-16 所示。

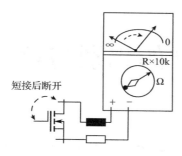
图 6-15　短接 DG 引脚测量 R_{DS} 的值

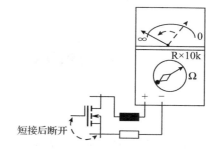
图 6-16　短接 GS 引脚测量 R_{DS} 的值

对于 P 沟道的管子，则将两表笔位置对调即可。

6.4　场效应管总结

现对场效应管的相关知识总结如表 6-1 所示，以便于掌握和记忆。

表 6-1　场效应管总结

1	场效应管是一种电压控制器件，在电路中主要起信号放大、阻抗变换等作用
2	场效应管可分结型场效应管（JFET）和绝缘栅型场效应管（MOSFET）两大类。结型场效应管又分为 N 沟道和 P 沟道两种；绝缘栅型场效应管除 N 沟道和 P 沟道之外，还有增强型与耗尽型之分
3	场效应管的图形符号中的箭头，是用来区分类型的。箭头从外指向芯片表示 N 沟道型场效应管；箭头从芯片指向外表示 P 沟道型场效应管
4	与三极管一样，场效应管也有三个电极，分别是栅极 G、源极 S、漏极 D。场效应管可看作一只普通三极管，栅极 G 对应基极 B，漏极 D 对应集电极 C，源极 S 对应发射极 E（N 沟道对应 NPN 型三极管，P 沟道对应 PNP 型三极管）
5	结型场效应管的源极和漏极一般可互换使用

第 7 章

晶闸管、IGBT的识别与检测

晶闸管是晶体闸流管的简称，过去常称为可控硅，是一种大功率开关型半导体器件。晶闸管能在高电压、大电流的条件下工作，广泛应用于可控整流、交流调压、无触点电子开关、逆变及变频等电子电路中。

绝缘栅双极晶体管（Iusulated Gate Bipolar Transistor，IGBT），是一种集 BJT 的大电流密度和 MOSFET 等电压激励场控型器件优点于一体的高压、高速大功率器件。

7.1 晶闸管的应用

7.1.1 晶闸管整流电路的应用

晶闸管整流电路如图 7-1 所示。这是一个单相半波可控整流电路，设 V_1 为正弦波，当 $V_2>0$ 时，加上触发电压，晶闸管导通，且 V_L 的大小随触发电压加入的早晚而变化。当 $V_2<0$ 时，晶闸管不导通，$V_L=0$，故称为可控整流。

7.1.2 晶闸管调节电路的应用

如图 7-2 所示是电风扇可控硅无级调速法电路原理图。该调速方法是利用单结晶体管 V_6 触发晶闸管 V_5 导通而得到可调电压，以此控制风扇的转速。调节电位器 W，可以改变可控硅的导通角 Q，进而通过电动机 M 上的平均电压即可改变。无级调速法最大的特点是速度改变平滑。

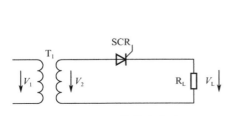

图 7-1 晶闸管整流电路

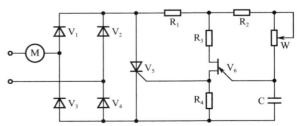

图 7-2 电风扇可控硅无级调速法电路原理图

7.1.3 温控晶闸管的应用电路

如图 7-3 是温控晶闸管的应用电路原理图。改变可变电阻 W_1 的阻值大小时，可以得到不同的开关温度。当温度没有达到开关温度时，温控晶闸管 V_S 截止，输出电压 V_O 为低电平；当温度达到或超过开关温度时，温控晶闸管导通，输出电压 V_O 为高电平。

7.1.4 双向晶闸管应用电路

图 7-4 所示是一个典型的双向晶闸管无级电热褥调压电路，无论在电源的正半周还是负半周，只要电容 C_3 上的充电电压达到双向触发二极管 VD 的转折电压，VD 便会导通，进而触发双向晶闸管导通。调节电位器 R_P 可以改变 C_3 充电回路的时间常数，也将改变晶闸管的导通角。当 R_P 减小时，C_3 充电充得快，导通角增大，电热线 R_L 的平均电压值增大，发热功率也增大，温度便升高，反之则温度降低。

电路中，C_1、L 为低通滤波电路，主要作用为抑制射频干扰。R_2、C_2 可防止双向晶闸管截止时被感性负载击穿。R_1、HL 为工作状态指示电路。

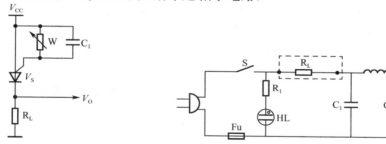

图 7-3 温控晶闸管的应用电路原理图　　　图 7-4 双向晶闸管无级电热褥调压电路

7.1.5 逆导晶闸管应用电路

如图 7-5 所示是逆导晶闸管应用电路，这是一个斩波器调压电车电路。图中的 VS_1 是主逆导晶闸管，VS_2 是辅助逆导晶闸管，M 为电动机。当主逆导晶闸管 VS_1 导通时，电动机两端为最大电压；当 VS_1 导通与截止时间过了一半时，电动机两端电压为输入电压的一半，通过控制 VS_1 导通与截止时间可以改变电动机两端电压的大小。

辅助逆导晶闸管 VS_2 和换流元件 L_3、C_2 用来关断主逆导晶闸管。主逆导晶闸管导通后，C_2 中已充的电通过 VS_1、VS_2、L_3 和 C_2 振荡放电，并对其进行反向充电。电路中的 L_1 和 C_1 用来防止斩波器与电网电路引起共振。

7.1.6 晶闸管开关电路的应用

如图 7-6 所示为晶闸管延时自锁开关电路。由于电源上电后电容 C_1 两端电压不能突变，因此三极管 VT_1 是截止的，晶闸管 VS_1 不导通，继电器停止工作。随着电容 C_1 充电时间的延长，三极管 VT_1 的基极电位逐渐上升，当 VT_1 基极电位上升到高于 1V 时，三极管导通，为晶闸管提供一个触发信号，随后晶闸管导通，继电器得电而吸合，接通负载电路。

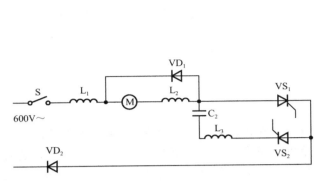

图 7-5　逆导晶闸管应用电路

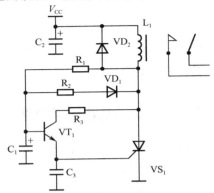

图 7-6　晶闸管延时自锁开关电路

7.1.7　光控晶闸管的应用

如图 7-7 所示为光控晶闸管在自动生产线上的运行监控电路。生产线上平稳通过的零部件挡住光源发出的光线时，光控晶闸管 VS_1 关断，这时电源通过二极管 VD_2 整流获得脉动直流；该电压经电位器 W 及 R_1 对电容 C_1 充电，若零部件挡住光源的时间超过一定的数值，则电容 C_1 两端电压因连续充电而升高，当充电电压超过稳压二极管 VD_3 的稳压值时，稳压二极管导通，为晶闸管 VS_2 提供正向触发信号，VS_2 管的导通使继电器线圈 K 得电，控制继电器触点断开，使生产线自动停止运转。

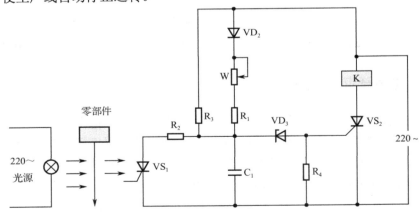

图 7-7　光控晶闸管在自动生产线上的运行监控电路

7.2　晶闸管的分类、识别

7.2.1　晶闸管的分类

晶闸管的分类如图 7-8 所示。

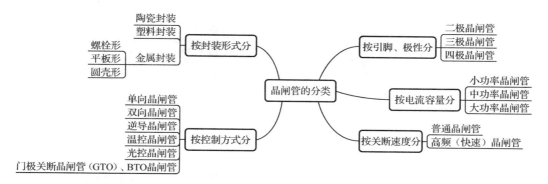

图7-8 晶闸管的分类

7.2.2 晶闸管的外形识别

1. 普通晶闸管

普通晶闸管的外形如图7-9所示。

图7-9 普通晶闸管的外形

2. 单向平面晶闸管

单向平面晶闸管的外形如图7-10所示。

图7-10 单向平面晶闸管的外形

3. 双向晶闸管

双向晶闸管的外形如图7-11所示。

4. 功率平板晶闸管

功率平板晶闸管的外形如图7-12所示。

图 7-11　双向晶闸管的外形

图 7-12　功率平板晶闸管的外形

5. 小功率晶闸管

小功率晶闸管的外形如图 7-13 所示。

6. 快速晶闸管

快速晶闸管的外形如图 7-14 所示。

图 7-13　小功率晶闸管的外形　　　　　图 7-14　快速晶闸管的外形

7.2.3　晶闸管特性及符号的识别

1. 普通晶闸管

普通晶闸管的结构、符号及等效图如图 7-15 所示。从图中可以看出，它是有 3 个 PN 结的 4 层半导体器件。由最外边一层的 P 型材料引出一个电极作为阳极 A；由最外边一层的 N 型材料引出一个电极作为阴极 K；中间的 P 型材料引出一个电极作为控制极 G。

若晶闸管导通，必须满足下面两个条件：

（1）在 A、K 极之间加一定大小的正向电压；

（2）在 G、K 极之间加上一定大小和一定时间的正向电压。

给晶闸管的 G、K 极之间加上反向电压时，即 K 极为高电位，G 极为低电位，无论给晶闸管的 A、K 极之间加上什么电压，晶闸管均不能导通而处于截止状态。

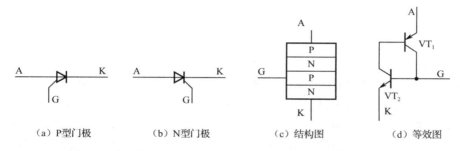

(a) P型门极　　(b) N型门极　　(c) 结构图　　(d) 等效图

图 7-15　普通晶闸管的结构、符号及等效图

给晶闸管的 A、K 极之间加上反向电压时，即 K 极为高电位，A 极为低电位，无论给晶闸管的 G、K 极之间加上什么电压，晶闸管也不能导通，处于截止状态。

晶闸管导通后，去掉控制极上的电压，不影响晶闸管的导通状态，由此可见，在晶闸管导通后控制极已不起作用。

晶闸管的伏安特性曲线如图 7-16 所示，分为正向和反向两部分。

正向特性曲线是在控制极开路的情况下，电压与电流之间的关系特性曲线；反向特性曲线与普通二极管的反向特性相似，在反向电压加大到一定程度时，反向电流迅速增大。

正向特性曲线分成两部分。

（1）未导通的特性。正向电压在加到很大时，晶闸管的电流仍然很小。这相当于二极管的正向电压小于起始电压时的特性。

（2）导通后的特性。当正向电压大到正向转折电

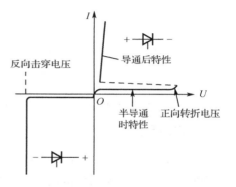

图 7-16　晶闸管的伏安特性曲线图

压时，曲线突然向左，而电流很快增大。导通后，晶闸管两端的压降很小，为 0.6～1.2V，电压稍有一些变化时，电流变化很大，这一特性曲线同二极管导通后伏安特性曲线相似。

从正向特性曲线上可知，晶闸管在 G、K 极之间不加正向电压时，晶闸管也能导通，但是要在 A、K 极之间加上很大的正向电压才行。这种使晶闸管导通的方法在电路中是不允许的，因为这样很可能造成晶闸管不可逆的击穿，损坏晶闸管。所以，在使用中要避免这种情况的发生。

2. 门极关断晶闸管

门极关断晶闸管 GTO 也称为栅控晶闸管，其结构及等效电路和普通晶闸管相同，其符号如图 7-17 所示。

门极关断晶闸管与普通晶闸管一样也具有单向导通特性，即当其阳极 A、阴极 K 两端为正向电压，在栅极 G 上加正的触发电压时，晶闸管将导通，电流导通方向为 A→K。

图 7-17　门极关断晶闸管符号图

普通晶闸管在通过栅极正电压触发后，去掉触发电压后也能维持导通，只有切断电源使正向电流低于维持电流或加上反向电压才能使其关断。但是，在门极关断晶闸管导通状态下，如果在其栅极 G 上加一个适当的负电压，则能使

导通的晶闸管自行关断，这是它与普通晶闸管的不同之处。

3. 逆导晶闸管

逆导晶闸管的特点是在晶闸管的阳极与阴极之间反向并联一只二极管，使阳极与阴极的发射结均呈短路状态。逆导晶闸管的电路符号图及等效电路如图 7-18 所示。

逆导晶闸管的这种特殊电路结构，使之具有耐高压、耐高温、关断时间短、通态电压低等优良性能。逆导晶闸管的关断时间仅几微秒，工作频率达几十千赫兹，优于快速晶闸管。

逆导晶闸管的伏安特性曲线如图 7-19 所示。逆导晶闸管的伏安特性曲线具有不对称性，正向特性与普通晶闸管相同，实际上，正向特性由逆导晶闸管内部的普通晶闸管正向特性所决定。反向特性与硅整流二极管的正向特性相同，这也是反向并联在普通晶闸管上的二极管的正向特性。

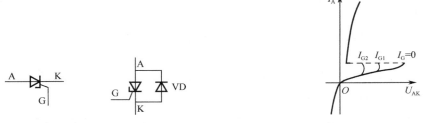

图 7-18 逆导晶闸管的电路符号图及等效电路图   图 7-19 逆导晶闸管的伏安特性曲线图

4. 双向晶闸管

双向晶闸管是在单向晶闸管的基础上研制出的一种新型半导体器件。双向晶闸管是由 NPNPN 五层半导体材料构成的三端半导体器件，三个电极分别是主电极 T_1、主电极 T_2 和控制极 G。双向晶闸管的阳极与阴极之间具有双向导电的性能，其内部电路可以等效为由两只单向晶闸管反向并联组成的复合管。双向晶闸管的内部结构、等效电路及电路符号如图 7-20 所示。

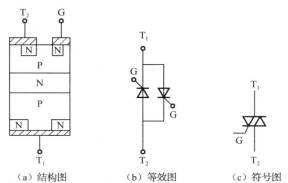

（a）结构图　　（b）等效图　　（c）符号图

图 7-20 双向晶闸管的内部结构、等效电路及电路符号图

双向晶闸管可以双向导通，通常情况下，双向晶闸管的触发方式有四种。

（1）控制极 G 和主电极 T_1 相对于主电极 T_2 的电压为正，如图 7-21（a）所示，即 $U_G>U_{T_2}$、$U_{T_1}>U_{T_2}$。双向晶闸管的导通方向为 $T_1 \rightarrow T_2$，此时 T_1 为阳极，T_2 为阴极。

（2）控制极 G 和主电极 T_2 相对于主电极 T_1 的电压为负，如图 7-21（b）所示，即 $U_G<U_{T_1}$、

$U_{T_2} < U_{T_1}$。双向晶闸管的导通方向为 $T_1 \to T_2$,此时 T_1 为阳极,T_2 为阴极。

(3)控制极 G 和主电极 T_1 相对于主电极 T_2 的电压为负,如图 7-21(c)所示,即 $U_G < U_{T_2}$、$U_{T_1} < U_{T_2}$。双向晶闸管的导通方向为 $T_2 \to T_1$,此时 T_2 为阳极,T_1 为阴极。

(4)控制极 G 和主电极 T_2 相对于主电极 T_1 的电压为正,如图 7-21(d)所示,即 $U_G > U_{T_1}$、$U_{T_2} > U_{T_1}$。双向晶闸管的导通方向为 $T_2 \to T_1$,此时 T_2 为阳极,T_1 为阴极。

双向晶闸管一旦导通,即使失去触发电压也能继续维持导通状态。当主电极 T_1、T_2 之间电流减小至维持电流以下或 T_1、T_2 之间电压改变极性,且无触发电压时,双向晶闸管即可自动断开,只有重新施加触发电压,才能再次导通。

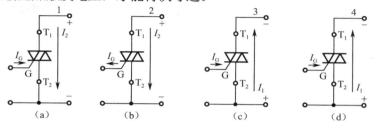

图 7-21 双向晶闸管的触发方式

双向晶闸管与单向晶闸管相比较,两者的主要区别是:
① 单向晶闸管触发后单向导通,双向晶闸管触发后则是双向导通;
② 单向晶闸管触发电压分极性,双向晶闸管触发电压不分极性,只要绝对值达到触发门限值即可使双向晶闸管导通。

双向晶闸管的伏安特性曲线如图 7-22 所示。从曲线图中可以看出,第一象限和第三象限内具有基本相同的转换性能。双向晶闸管工作时,它的 T_1 极和 T_2 极间加正反(负)压,若门极无电压,只要阳极电压低于转折电压,它就不会导通,处于阻断状态。若门极加一定的正反(负)压,则双向晶闸管在阳极和阴极间的电压小于转折电压时被门极触发导通。

5. 温控晶闸管

温控晶闸管是一种新型开关型温度控制器件,也是一种特殊的晶闸管,又被称为温度开关。温度晶闸管与普通晶闸管的不同之处是不需要外加触发电流使其导通,而是受温度控制。当温度低于开关温度(又称为阀值温度)时,温控晶闸管处于截止状态。当温度达到或超过开关温度时温控晶闸管导通。温控晶闸管仍然有控制极,它用来调节温控晶闸管的开关温度。

温控晶闸管的符号如图 7-23 所示。

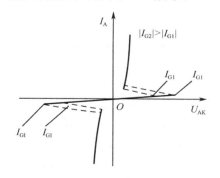

图 7-22 双向晶闸管的伏安特性曲线图

图 7-23 温控晶闸管的符号图

温控晶闸管与普通晶闸管的相同之处是：一旦温控晶闸管导通后，只有当导通电流降到维持电流以下时才能关断。另外，普通晶闸管是 P 型控制极，温控晶闸管通常是 N 型控制极（阳极侧受控）。

6. 可关断晶闸管

单、双向晶闸管一旦导通，控制极就失去了控制作用。在晶闸管的工作电流小于维持电流后，晶闸管才能截止。可关断晶闸管的工作状态与它们不同，控制极既对导通电流有控制作用，也能触发管子由截止变为导通，还能控制管子由导通变为截止，突出地表现了可关断的特点，因此称为可关断晶闸管。主要用于逆变器、直流断续器等需要强迫关断的地方，可以简化主电路。

7. 光控晶闸管

光控晶闸管的结构、等效电路及符号如图 7-24 所示。

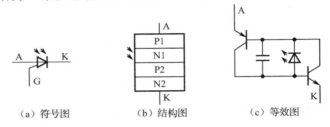

（a）符号图　　　（b）结构图　　　（c）等效图

图 7-24　光控晶闸管的结构、等效电路及符号图

7.2.4　晶闸管的命名法

国产晶闸管的型号命名（JB1144—75 部颁发标准）主要由四部分组成，各部分的组成如图 7-25 所示，各部分的含义如表 7-1 所示。

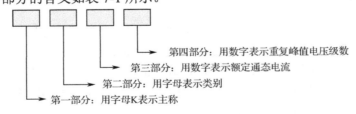

图 7-25　国产晶闸管的型号命名组成

表 7-1　晶闸管的型号命名

第一部分：主称		第二部分：类别		第三部分：额定通态电流		第四部分：重复峰值电压级数	
字母	含义	字母	含义	数字	含义	数字	含义
K	晶闸管（可控硅）	P	普通反向阻断型	1	1A	1	100V
				5	5A	2	200V
				10	10A	3	300V
				20	20A	4	400V

(续表)

第一部分：主称		第二部分：类别		第三部分：额定通态电流		第四部分：重复峰值电压级数	
字母	含义	字母	含义	数字	含义	数字	含义
K	晶闸管(可控硅)	K	快速反向阻断型	30	30A	5	500V
				50	50A	6	600V
				100	100A	7	700V
				200	200A	8	800V
		S	双向型	300	300A	9	900V
				400	400A	10	1000V
				500	500A	12	1200V
						14	1400V

例如，KP1-2（1A 200V 普通反向阻断型晶闸管）；KS5-4（5A 400V 双向晶闸管）。

7.2.5 晶闸管的主要参数

1. 正向转折电压 U_{DSM}

正向转折电压又称断态不重复峰值电压。晶闸管的正向转折电压 U_{DSM} 是指在额定结温为 100℃ 且门极 G 开路的条件下，在其阳极 A 与阴极 K 之间加正弦半波正向电压，使其由关断状态转变为导通状态时所对应峰值电压。

在控制极开路时，随 U_{AK} 的加大，阳极电流逐渐增加。当 $U=U_{DSM}$ 时，晶闸管自动导通。在正常工作时，U_{AK} 应小于 U_{DSM}。

2. 断态重复峰值电压 U_{DRM}

断态重复峰值电压又称晶闸管耐压值。断态重复峰值电压 U_{DRM} 是指晶闸管在正向关断时，即在门极断路而结温为额定值时，允许加在 A、K（或 T_1、T_2）极之间最大的峰值电压。此电压约为正向转折电压减去 100V 后的电压值。一般取 $U_{DRM}=80\%U_{DSM}$。普通晶闸管的 U_{DRM} 为 100～3000V。

3. 门极触发电压 U_{GT}

门极触发电压是指在规定的环境温度和晶闸管阳极与阴极之间正向电压为一定值的条件下，使晶闸管从关断状态转变为导通状态所需的最小门极直流电压，一般为 1.5V 左右。

4. 正向平均电压降 U_F

正向平均电压降又称为通态平均电压或通态压降电压。它是指在规定环境温度和标准散热条件下，当通过晶闸管的电流为额定电流时，其阳极 A 与阴极 K 之间电压降的平均值，通常为 0.4～1.2V。

5. 维持电流 I_H

维持电流是指维持晶闸管导通的最小电流，一般为几十毫安到几百毫安，与结温有关，结温越高，则 I_H 越小。当正向电流小于 I_H 时，导通的晶闸管会自动关断。

6. 浪涌电流 I_{TSM}

浪涌电流是指由电路异常情况引起并使结温超过额定结温的不重复性最大正向过载电流。

7.2.6 现场操作 14——晶闸管的检测

1. 单向晶闸管极性的判断

单向晶闸管的三个引脚可用指针式万用表 R×1kΩ 或 R×100Ω 挡来判别。根据单向晶闸管的内部结构可知：G、K 极之间相当于一个二极管，G 为二极管正极，K 为负极，所以分别测量各引脚之间的正反电阻。如果测得其中两个引脚的电阻较大（如 90kΩ），对调两表笔，再测这两个引脚之间的电阻，阻值又较小（如 2.5kΩ），这时万用表黑表笔接的是 G 极，红表笔接的是 K 极，剩下的一个是 A 极。

在测量时，将万用表置于 R×100Ω 挡，将单向晶闸管的一个引脚假定为控制极 G，与黑表笔相接，用红表笔分别接触另外两个引脚。若有一次出现正向导通，则假定的控制极正确，而导通那次红表笔所接的引脚是阴极 K，另一极则是阳极 A。如果两次均不导通，则说明假定的不是控制极，可重新假定一引脚为控制极。

在正常情况下，单向晶闸管的控制极 G 与阴极 K 之间是一个 PN 结，具有 PN 结特性，而控制极 G 与阳极 A 之间、阳极 A 与阴极 K 之间存在反向串联的 PN 结，故其间电阻值均为无穷大。如果 GK 之间的正反向电阻都等于零，或 GA 和 AK 之间正反向电阻都很小，说明单向晶闸管内部击穿短路。如果 GK 之间正反向电阻都为无穷大，说明单向晶闸管内部断路。

将万用表置于 R×1Ω 挡，红表笔接阴极 K，黑表笔接阳极 A，在黑表笔接 A 的瞬间碰触控制极 G（给 G 加上触发信号），万用表指针向右偏转，说明单向晶闸管已经导通。此时即使断开黑表笔与控制极 G 的接触，单向晶闸管仍将继续保持导通状态。

2. 双向晶闸管的检测

指针式万用表检测双向晶闸管的方法如下。

① 首先确定主电极 T_2，控制极 G 与主电极 T_1 之间的距离较近，其正反向电阻都较小。用万用表 R×1Ω 挡测量 G、T_1 两脚之间的电阻时表针偏转幅度较大，而 G～T_2、T_1～T_2 之间的正反向电阻均为无穷大。这表明，如果测出某脚和其他两脚都不通，就能确定该脚为 T_2 极。有散热板的双向晶闸管 T_2 极往往与散热板相连通。

② 确定 T_2 极之后，假设剩下两脚中某一脚为 T_1 极，另一脚假设为 G 极，将黑表笔接假设 T_1 极，红表笔接 T_2 极，并在黑表笔不断开与 T_1 极连接的情况下，把 T_2 极与假设 G 极瞬时短接一下（给 G 极加上负触发信号），万用表指针向右偏转，说明管子已经导通，导通方向为 $T_1 \rightarrow T_2$，上述假设的两极正确。如果万用表没有指示，电阻值仍为无穷大，说明管子没有导

通,假设错误,可改变两极假设连接表笔再测。

③ 把红表笔接 T_1 极,黑表笔接 T_2 极,然后使 T_2 极与 G 极瞬时短接一下(给 G 极加上正触发信号),电阻值仍较小,证明管子再次导通,导通方向为 $T_2 \rightarrow T_1$。

如果按哪种假设去测量都不能使双向晶闸管触发导通,证明管子已损坏。

7.3 IGBT 的应用

7.3.1 IGBT 放大电路的应用

如图 7-26 所示是 IGBT 甲类音频功率放大器,激励级电路来的音频信号经 IGBT 单管放大后,经阻抗变压器变换后送至喇叭。

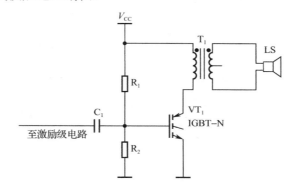

图 7-26 IGBT 甲类音频功率放大器

7.3.2 IGBT 开关电路的应用

如图 7-27 所示是电磁炉的 LC 振荡电路。振荡电路是整个电磁炉电路的核心,主要由振荡线圈(L_1)、振荡电容 C_1、IGBT 等组成。通过 IGBT 的高速开关形成 LC 振荡(一般频率 20~30kHz),振荡过程原理可参看 LC 振荡电路的有关内容,这里不再赘述。

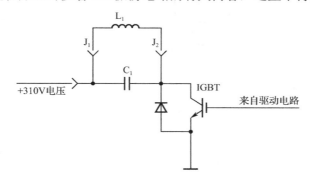

图 7-27 电磁炉的 LC 振荡电路

7.3.3 IGBT 过电压抑制的方法与电路

IGBT 过电压抑制可以采取有源嵌位、动态栅极控制、无源缓冲电路等。IGBT 过电压抑制的方法与电路见表 7-2。

表 7-2 IGBT 过电压抑制的方法与电路

名 称	图 例	解 说
C 缓冲电路		C 缓冲电路与 RCD 缓冲电路均属于集中缓冲电路。其电路简易,但因主电路感与缓冲电容器产生 LC 谐振电路,母线电压容易产生振荡
RCD 缓冲电路		如果 RCD 缓冲电路缓冲二极管选择错误,则会发生高的尖峰电压,或缓冲二极管的反向恢复时电压可能产生振荡。另外,RCD 缓冲电路可以降低母线电压的振荡
RC 缓冲电路		RC 缓冲电路与充放电型 RCD 缓冲电路、放电阻止型缓冲电路均属于个别缓冲电路。RC 缓冲电路具有关断浪涌电压且抑制效果较为明显。最适合于斩波电路,不适合高频用途
充放电型 RCD 缓冲电路		充放电型 RCD 缓冲电路对关断浪涌电压有抑制效果,与 RC 缓冲电路相比,其缓冲电阻值能够变大。与放电阻止型 RCD 缓冲电路相比,其不适合高频交换用途
放电阻止型缓冲电路		放电阻止型缓冲电路对关断浪涌电压有抑制效果,发生的损耗少,最适合高频交换用途
栅极过电压保护		IGBT 的 VGE 的耐压值是一定的(一般为 ±20V)。如果在 IGBT 上加了超出该耐压值的电压,会有导致 IGBT 损坏的危险。因此,IGBT 需要栅极过电压保护电路、嵌位控制电路实现过电压保护

(续表)

名称	图例	解说
栅极过电压保护	(电路图：串接大的栅极电阻 $R_{G/ERROR} \gg R_G$；电流源控制 $I_{G/ERROR}$)	动态栅极电压控制实现过电压保护

7.3.4 IGBT 的驱动电路

IGBT 的驱动电路可以分为驱动信号与功率器件不需要电气隔离的直接驱动，以及驱动器输入端与输出端需要电气隔离的隔离驱动。隔离驱动可以分为光耦合器隔离驱动与变压器隔离驱动两种。另外，变压器隔离驱动又可分为无源驱动、有源驱动、自给电压驱动等类型。IGBT 的栅极驱动电路见表 7-3。

表 7-3 IGBT 的栅极驱动电路

名称	图例	解说
脉冲变压器隔离的栅极驱动电路	(电路图：+15V、$+V_{CC}$、VD_1、VD_2、R_1、R_L、VS_1、VS_2、IGBT、V、变压器隔离、u_i)	控制脉冲 u_i 经晶体管 V 送到脉冲变压器，由脉冲变压器耦合，并经 VS_1、VS_2 后驱动 IGBT。各元件的作用如下。 R_1：限制栅极驱动电流的作用；V：晶体管，起放大作用；VD_1：续流二极管，防止 V 中可能出现的过电压；VD_2：加速二极管，以提高开通速度；VS_1、VS_2 起稳压限幅作用
推挽输出栅极驱动电路	(电路图：V_{CC}、推挽输出栅极驱动、R_2^*、V_1、V_2、R_3、R_G、R_5、VS_1、VS_2、R_4、IGBT、R)	这是一种采用光耦合隔离的推挽输出栅极驱动电路。其中，推挽输出栅极驱动电路主要由 V_1、V_2 组成。 控制脉冲使光耦合器关断时，光耦合输出低电平，则 V_1 会截止，V_2 会导通，则 IGBT 在 VS_1 的反偏作用下会关断。 控制脉冲使光耦合器导通时，光耦合输出高电平，则 V_1 会导通，V_2 会截止，并且经 V_{CC}、V_1、RG 产生的正向电压会使 IGBT 导通。 光电耦合器 IGBT 驱动具有体积小等优点，但有反应较慢、需要辅助电源供电等缺点

(续表)

名称	图例	解说
集成电路驱动	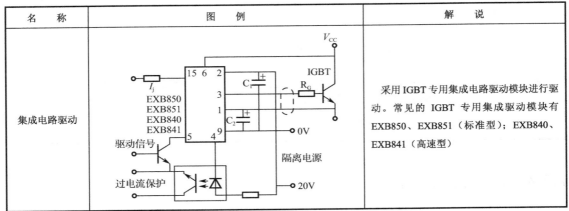	采用 IGBT 专用集成电路驱动模块进行驱动。常见的 IGBT 专用集成驱动模块有 EXB850、EXB851（标准型）；EXB840、EXB841（高速型）

7.4 IGBT 的结构、识别

7.4.1 IGBT 的结构与工作原理

IGBT 在结构上与 MOSFET 十分类似。栅极、集电极与 MOSFET 完全相似，只是多了一个 P^+ 层引出作为发射极。按其缓冲区不同分为对称型和非对称型。对称型具有正反向特性对称，都有阻断能力；非对称型，正向有阻断能力，反向阻断能力低，但它的正向导通压降小，关断得快，电流拖尾小，均属优点，而对称型却没有这些优点。

IGBT 的栅极、集电极、发射极，分别用 G、C、E 来表示，其结构、等效电路及符号如图 7-28 所示。

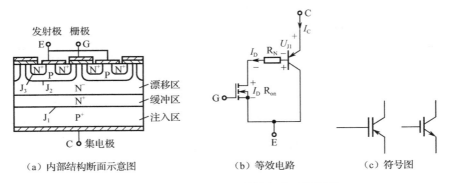

图 7-28 IGBT 的结构、等效电路及符号图

PNP 晶体管与 N 沟道 MOSFET 组合组成的 IGBT 为 N-IGBT；P 沟道的箭头反向。实际中，N-IGBT 使用较多，它在正电压 $V_{GE} > V_{GE(th)}$ 开启电压时导通。当加上负栅极电压时，IGBT 工作过程相反，形成关断。

7.4.2 IGBT 的静态工作特性

静态工作特性有伏安特性、转移特性和开关特性，如图 7-29～图 7-31 所示。

伏安特性与双极性功率晶体管相似。随着控制电压 V_{GE} 的增加，特性曲线上移。每一条特性曲线分饱和区、放大区和击穿区。当 $V_{GE}=0$ 时，I_C 值很小，为截止状态。开关电源中的 IGBT，通过 V_{GE} 电平的变化，使其在饱和与截止两种状态交替工作。

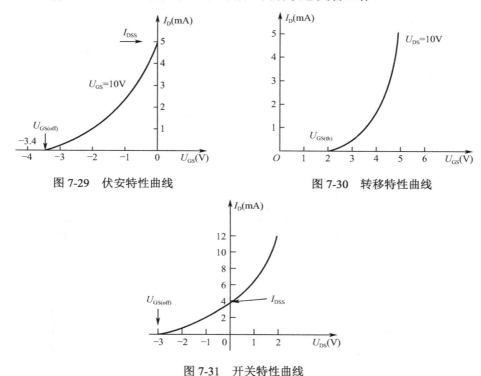

图 7-29　伏安特性曲线　　　　图 7-30　转移特性曲线

图 7-31　开关特性曲线

转移特性是（I_C-V_{GE}）关系的描述。I_C 与 V_{GE} 大部分是线性的，只有当 V_{GE} 很小时，才是非线性。有一个开启电压 $V_{GE(th)}$，当 $V_{GE}<V_{GE(th)}$ 时，$I_C=0$ 为关断状态，使用中 $V_{GE}\leqslant 15V$ 为佳。

开关特性是（I_C-V_{CE}）曲线，可以看成开通时基本与纵轴重合，关断时与横轴重合。体现开通时压降小（1000V 的管子只有 2～3V，相对 MOSFET 来说较小），关断时漏电流很小，与场效应管相当。

7.4.3 IGBT 的外形识别

IGBT 的外形结构见表 7-4。

表7-4 IGBT的外形结构

外形与封装	外形与封装	外形与封装
TO-220AB	TO-3PL	TO-3P
TO-3P（N）-E	TO-220F	TO-92
TO-220	TO-89	D^2PAK
TO-3P	TO-3	TO-274
TO-268	TO-263 AB	T-pack（S）
SOT-227B	TO-23	SKiM[®]4

(续表)

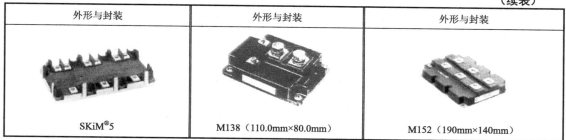

外形与封装	外形与封装	外形与封装
SKiM®5	M138（110.0mm×80.0mm）	M152（190mm×140mm）

7.4.4 现场操作 15——IGBT 的检测

1. 指针式万用表检测 IGBT

在正常情况下，IGBT 管三个电极互不导通。

① 判断极性。把万用表置于 R×1kΩ 挡，将黑表笔固定接在某一引脚上，红表笔分别接其他两只引脚，若阻值均为无穷大；对调用红表笔固定接在这一电极（原黑表笔接的那只引脚）上，黑表笔分别接其他两只引脚，若阻值均为无穷大，则固定不动的那只表笔所接引脚为栅极。其余两引脚再用万用表测量，若测得阻值为无穷大，对调表笔后测量阻值较小；在测量阻值较小的一次中，则红表笔所接为漏极，黑表笔所接为源极。

② 判断好坏。将万用表置于 R×10kΩ 挡，用黑表笔接 IGBT 的漏极，红表笔接源极，此时万用表的示数应为无穷大。用手指同时触及一下栅极和漏极，这时 IGBT 被触发导通，万用表的指针摆向阻值较小的方向，并能稳定在某一数值。然后再用手指同时触及一下源极和栅极，这时 IGBT 被阻断，万用表的指针回到无穷大处。此时即可判断 IGBT 是好的。

注意：若进行第二次测量，应短接一下源极和栅极。

2. 数字式万用表检测 IGBT

用万用表（二极管挡）红表笔接 IGBT 的发射极，黑表笔接集电极，所测得的数值为 450 左右；相反，红表笔接 IGBT 的集电极，黑表笔接发射极，所测得的数值应为无穷大。而控制极与集电极、发射极之间有一定的电阻值。

注意：当 IGBT 管带阻尼时（内含），会出现 E-C 极导通，C-E 极无穷大，即为正常。

7.5 晶闸管、IGBT 总结

现将晶闸管、IGBT 的特性总结如表 7-5 所示，以便于掌握和记忆。

表 7-5　晶闸管、IGBT 总结

1	晶闸管是晶体闸流管的简称，过去常称为可控硅，是一种大功率开关型半导体器件
2	晶闸管能在高电压、大电流的条件下工作，广泛应用于可控整流、交流调压、无触点电子开关、逆变及变频等电子电路中
3	绝缘栅双极晶体管简称IGBT，是一种集BJT的大电流密度和MOSFET等电压激励场型器件优点于一体的高压、高速大功率器件

（续表）

4	晶闸管是由3个PN结的4层半导体器件。由最外边一层的P型材料引出一个电极作为阳极A。由最外边一层的N型材料引出一个电极作为阴极K。中间的P型材料引出一个电极作为控制极
5	要是晶闸管导通，必须它满足下面两个条件：A、K极之间加一定大小的正向电压；在G、K之间加上一定大小和一定时间的正向电压
6	双向晶闸管由NPNPN五层半导体材料构成的三端半导体器件，三个电极分别是主电极T_1、主电极T_2和控制极G。双向晶闸管的阳极与阴极之间具有双向导电的性能
7	温度晶闸管与普通晶闸管的不同之处是不需要外加触发电流使其导通，而是受温度控制。当温度低于开关温度（又称为阀值温度）时，温控晶闸管处于截止状态。当温度达到或超过开关温度时温控晶闸管导通
8	可关断晶闸管的工作状态与它们不同，控制极既对导通电流有控制作用，也能触发管子由截止变为导通，还能控制管子由导通变为截止，突出地表现了可关断的特点，因此称为可关断晶闸管
9	晶闸管的主要参数有正向转折电压、断态重复峰值电压、门极触发电压、正向平均电压降、维持电流及浪涌电流等

第 8 章

集成电路的应用、识别与检测

集成电路（Integrated Circuit，IC）是一种微型电子器件或部件。集成电路是采用一定的工艺，把一个电路中所需的晶体管、电阻、电容和电感等元件及布线互连在一起，制作在一小块或几小块半导体晶片或介质基片上，然后封装在一起，成为具有所需电路功能的器件，具有体积小、耗电低、稳定性高等优点。集成电路不仅品种繁多，而且新品种层出不穷，要熟悉各种集成电路的内电路几乎是不可能的，实际也没有必要。然而了解常用的集成电路则非常必要。

8.1 运放、数字集成电路的应用

8.1.1 运算放大电路的应用

集成运算放大器简称集成运放，它是一个具有高开环电压放大倍数的多级直接耦合放大电路。集成运放工作原理简述如下。

当运放工作在线性区（引入负反馈）时，根据输入信号情况可工作于反相放大状态与同相放大状态，即输出与输入的信号相位相反为反相放大器，如图 8-1（a）所示；输出与输入的信号相位相同为同相放大器，如图 8-1（b）所示。

当运放工作在非线性区（开环状态或正反馈）时，就是一个很好的电压比较器（比较两个电压的大小）如图 8-1（c）所示。此时，运放的输出只有两种可能：当 $u_+-u_->0$，即 $u_+>u_-$ 时，比较器 u_o 输出为正相饱和值，称之为高电平；当 $u_+-u_-<0$，即 $u_+<u_-$ 时，比较器 u_o 输出为负向饱和值，称之为低电平；当 $u_+-u_-=0$，即 $u_+=u_-$ 时，比较器 u_o 输出在此瞬间翻转。

实际的运放不止一个放大器，通常是多个运放集成在一个集成电路中。常用的运放有 LM339、LM324、LM393 等。

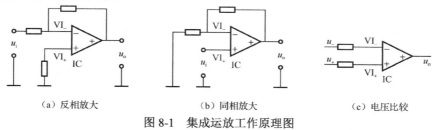

(a) 反相放大　　(b) 同相放大　　(c) 电压比较

图 8-1　集成运放工作原理图

集成运放电路前置多级放大器的原理如图 8-2 所示。该电路主要由三部分组成：输入电路、前置放大电路和音调控制电路，现以左声道为例进行电路工作原理分析。

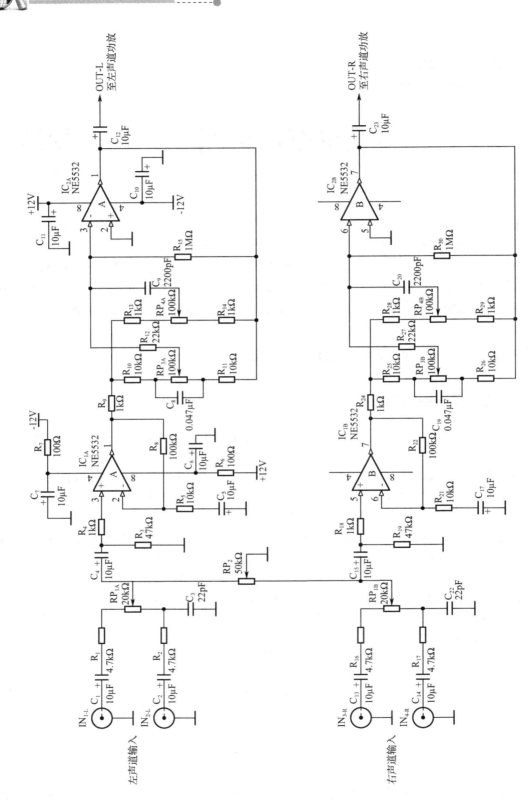

图 8-2 集成电路前置多级放大器的原理图

(1) 输入电路

电路由 IN_1、IN_2 输入插口及 C_1、C_2、C_3、R_1、R_2 及 RP_{1A}、RP_2 等组成。其中，IN_1、IN_2 分别为两路不同信号源的输入端；C_1、C_2 为信号耦合电容；C_3、R_1、R_2 组成低通滤波网络。滤除输入信号中的高频杂波干扰；RP_{1A} 是音量控制电位器，控制输入信号的大小；RP_2 是左、右声道的平衡控制电位器，调节左、右声道输入信号的大小，使其基本一致。

(2) 前置放大电路

前置电路由 IC_1、$C_4 \sim C_7$、$R_3 \sim R_8$ 等元件构成，这些元件构成一个增益为 20dB 的线性放大器。其中，R_8 是该放大电路的交流负反馈电阻，稳定电路的增益；通过改变 R_5 的大小可改变放大器的增益。此外，R_4 是电路隔离电阻和输入电阻，C_6、R_6、C_7、R_7 为 IC_{1A} 的电压退耦电路。

(3) 音调控制电路

电路由 IC_{2A}、$R_9 \sim R_{15}$、$C_8 \sim C_{11}$、RP_{3A}、RP_{4A} 等元件组成衰减负反馈式音调控制电路。其中，RP_{3A}、C_8、R_{10}、R_{11} 组成低音控制网络，RP_{3A} 是低音控制电位器；RP_{4A}、C_9、R_{13}、R_{14} 组成高音控制网络，RP_{4A} 是高音控制电位器。R_{12} 是高、低音控制网络的隔离电阻，电路中当 RP_{3A}、RP_{4A} 的动滑臂向上移动时，低音、高音处于提升状态；反之当滑臂向下移动时，低音、高音处于衰减状态。

8.1.2 运放电压比较电路的应用

如图 8-3 所示是电磁炉高压保护电路原理图，高压保护电路主要是检测 IGBT 集电极电压，防止该电压过高而损坏 IGBT。

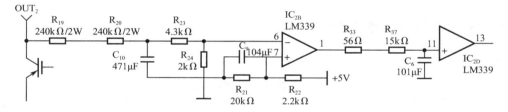

图 8-3 电磁炉高压保护电路原理图

高压保护电路主要由取样电阻 R_{19}、R_{20} 及运放 IC_{2B} 等组成。R_{19}、R_{20}、R_{23}、R_{24} 分压取自 IGBT 集电极（OUT_2），输入至 IC_{2B} 的第 6 脚；R_{22}、R_{21} 分 5V 电压作为运放的比较基准，输入至 IC_{2B} 的第 7 脚。

当 IGBT 的 C 极电压超过 1200V 时，IC_{2B} 输出 1 脚将会由高变低，此信号将会影响 PWM 脉宽调制电路，缩小 IGBT 驱动占空比，缩短 IGBT 导通时间，降低 IGBT 集电极电压，达到保护 IGBT 的目的。

其中，电容 C_{10} 对 IGBT 集电极电压有衰减和延迟的影响，可以衰减 IGBT 集电极的尖峰电压。

8.1.3 数字集成电路的应用

如图 8-4 所示是一个数字集成电路断线式防盗报警器电路，该电路由触发电路、振荡器和音频驱动电路组成。

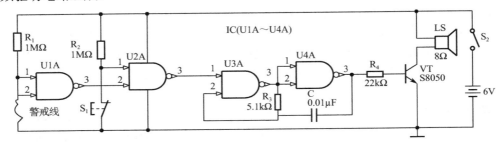

图8-4 数字集成电路断线式防盗报警器

电路中，触发电路由四与非门集成电路IC-CD4011（U1A～U4A）内部的U1A、U2A和电阻R_1、R_2、U1A输入端与地之间的警戒由细导线和触发开关S_1组成；振荡器由IC内部U3A、U4A和电容R_3、电容C组成；音频驱动电路由R_4、三极管VT和扬声器LS组成。

接通电源开关S_2后，报警器电路上电工作。平时，细导线将U1A输入端接地，使U1A的输入端为低电平，输出端为高电平；S_1处于断开状态，U2A输出低电平，使振荡器停振，扬声器LS不发声报警。若盗贼在行窃（撬开门、窗时）时将细导线拉断或使S_1接通，则U2A输出高电平，振荡器工作，其输出的振荡信号经三极管VT放大后，驱动扬声器发声报警。

8.2 稳压集成电路的应用

8.2.1 78、79系列三端稳压器

1. 78、79系列三端稳压器的特点

78、79系列三端稳压器的特点见表8-1。

表8-1 78、79系列三端稳压器的特点

78系列（输出正电压）	输出正电压系列（78××）的集成稳压器电压共分为5～24V七挡。例如，7805、7806、7808、7809、7812、7815、7818、7824等，字头"78"表示输出电压为正值，后面数字表示输出电压的稳压值。输出电流为1.5A（带散热器）
79系列（输出负电压）	输出负电压系列（79××）的集成稳压器电压分为-5～-24V七挡。例如，7905、7906、7912等，字头"79"表示输出电压为负值，后面数字表示输出电压的稳压值。输出电流为1.5A（带散热器）
电流特点	三端集成稳压器的输出电流有大、中、小之分，并分别由不同符号表示。 在输出小电流时，代号为"L"。例如，78L××，最大输出电流为0.1A。 在输出中电流时，代号为"M"。例如，78M××，最大输出电流为0.5A。 在输出大电流时，代号为"S"。例如，78S××，最大输出电流为2A

78、79系列三端稳压器型号与输出电压对照见表8-2。

2. 78、79系列引脚功能及符号

78、79系列引脚功能及图形符号如图8-5所示。

表 8-2　78、79 系列三端稳压器型号与输出电压对照

型号	输出电压（V）	输入电压（V）	最大输入电压（V）	最小输入电压（V）
7805/7905	+5/−5	+10/−10	+35/−35	+7/−7
7806/7906	+6/−6	+11/−11	+35/−35	+8/−8
7809/7909	+9/−9	+14/−14	+35/−35	+11/−11
7812/7912	+12/−12	+19/−19	+35/−35	+14/−14
7815/7915	+15/−15	+23/−23	+35/−35	+18/−18
7818/7918	+18/−18	+26/−26	+35/−35	+21/−21
7824/7924	+24/−24	+33/−33	+40/−40	+27/−27

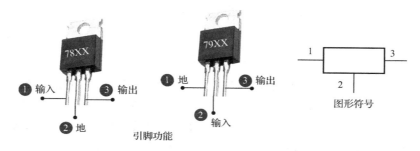

图 8-5　78、79 系列引脚功能及图形符号

3. 78××基本电路的接法

78××基本电路的接法如图 8-6 所示。图中外接电容 C_1 用来抵消因输入端线路较长而产生的电感效应，可防止电路自激振荡。外接电容 C_2 可消除因负载电流跃变而引起输出电压的较大波动。

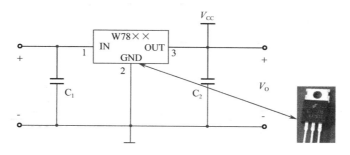

图 8-6　78××基本电路的接法

4. 78、79 系列三端稳压器的代换

国产 78/79 系列市电稳压器用字母 CW 或 W 表示。如 CW7812L、W7812L 等。C 是英文 CHINA（中国）的缩写，W 是稳压器中稳字的第一个汉语拼音字母。进口 78/79 三端稳压器用字母 AN、LM、TA、MC、RC、KA、NJM、μPC 等表示，如 TA7812、AN7805 等。不同厂家的 78/79 系列三端稳压器只要其输出电压和输出电流参数相同，就可以直接代换。

8.2.2　78、79三端稳压器的应用

固定三端正电源输出稳压集成电路的应用电路如图 8-7 所示，其工作原理如下。

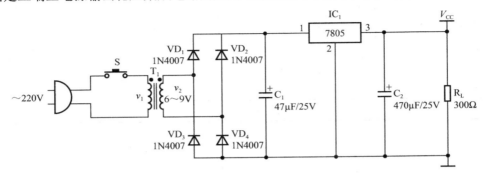

图 8-7　固定三端正电源输出稳压集成电路的应用电路

电源电路由插头、开关 S、电源变压器 T_1、整流二极管 $VD_1 \sim VD_4$、滤波电容 $C_1 \sim C_2$、三端稳压集成电路 IC_1 等元件组成。其中，T_1 为 5～8W 电源变压器，次级输出 6～9V 电压。

220V 交流市电经开关、电源变压器处理后，得到交流低压 6～9V。再经二极管 $VD_1 \sim VD_4$ 桥式整流、C_1 滤波，得到脉动直流电压。最后经三端稳压集成器 IC_1 稳压、C_2 滤波，得到+5V 的直流电压。

固定三端正、负电源输出稳压集成电路的应用电路如图 8-8 所示，这是一个功放电源，其工作原理如下。

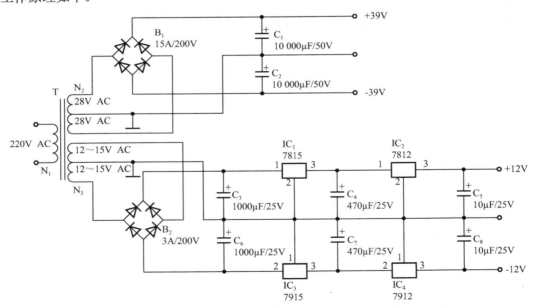

图 8-8　固定三端正、负电源输出稳压集成电路的应用电路

电源电路由电源变压器 T，整流桥 B_1、B_2，三端稳压集成电路 $IC_1 \sim IC_4$ 及滤波电容 $C_1 \sim C_8$ 等元件组成。其中，T 为 300W 环形变压器，次级输出 28V×2 和（12～15V）×2 两组电压。

28V×2 由 B_1 桥堆作正、负全波整流，C_1、C_2 滤波后，输出±39V 电压，供功率放大电路使用。另一组（12～15V）×2 电压则由 B_2 桥堆作正、负全波整流，C_3、C_6 滤波后，经 IC_1、IC_3 先作输出±15V 的稳压，C_4、C_7 再次滤波后，再由 IC_2、IC_4 作±12V 的稳压，C_5、C_8 滤波。再次稳压、三次滤波得到稳定的±12V 直流电压，供给扩音机的前置放大和其他小信号电路等使用。

8.2.3 线性低压差 DC/DC 电源变换电路

液晶电视主开关电源一般输出的是+12V 或+14V、+18V 等电压，而液晶电视的主板电路、液晶面板等电路需要的电压则较低（一般为+3.3V 以下），因此，需要进行直流变换，这个工作就由 DC/DC 电源变换电路来承担。

DC/DC 电源变换电路目前主要有两种类型：线性稳压器和开关型 DC/DC 电源变换器。

液晶彩电中的线性稳压器一般采用的是低压差稳压器（Low-dropout Regulator，LDO）模块，如常见的 1117 系列、1084 系列等。

1. 1117 系列稳压器原理

线性稳压器通过输出电压反馈，经误差放大器等组成的控制电路控制调整管的管压降（即压差）来达到稳压的目的。其特点是 V_{IN} 电压必须大于 V_{OUT}。固定线性稳压器原理如图 8-9 所示。

可控线性稳压器设有输出控制端，即这种稳压器输出电压受控制端的控制。EN（有时也用符号 SHDN 表示）为使能端输出控制信号，一般用 CPU 加低电平或高电平使 LDO 关闭或工作。可控线性稳压器原理如图 8-10 所示。

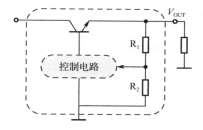
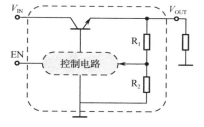

图 8-9 固定线性稳压器原理图　　　　图 8-10 可控线性稳压器原理图

2. 1117 稳压器封装和外形

1117 有两个版本：固定输出版本和可调版本。固定输出电压为 1.5V，1.8V，2.5V，2.85V，3.0V，3.3V，5.0V。最大输出电流为 1A。1117 稳压器封装和外形如图 8-11 所示。

3. 1117 稳压器典型应用电路

1117 稳压器典型应用电路如图 8-12 所示。1117 稳压器可调版本的输出电压取决于分压电阻 R_1、R_2 的阻值，其输出电压为 $1.25×(1+R_2/R_1)$V。

4. 1117 稳压器实际电路

图 8-13 是长虹 LS10 机芯液晶彩电的 DC/DC 转换电路，图（a）中输入是 12V 直流电压，输出电压是 5V；图（b）中输入是 12V 直流电压，输出电压是 3.3V。

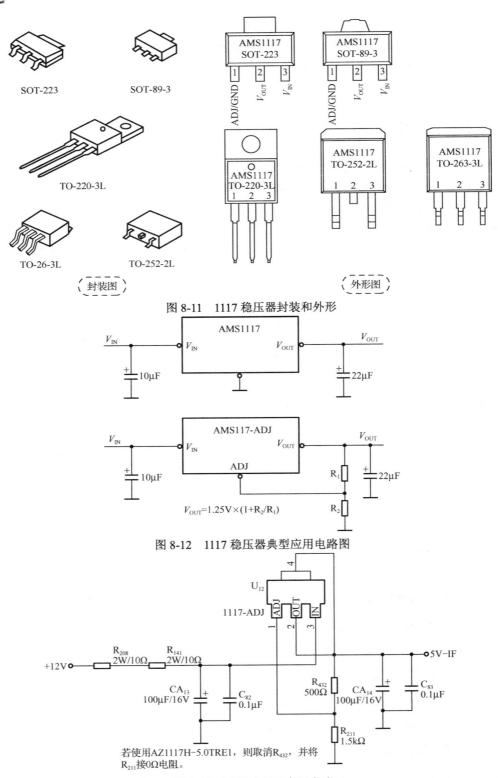

图 8-11　1117稳压器封装和外形

图 8-12　1117稳压器典型应用电路图

$V_{OUT}=1.25V\times(1+R_2/R_1)$

若使用AZ1117H-5.0TRE1，则取消R_{432}，并将R_{211}接0Ω电阻。

图 8-13　1117稳压器实际电路

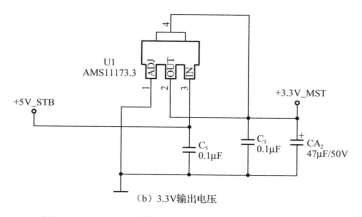

（b）3.3V输出电压

图 8-13　1117 稳压器实际电路（续）

5. 1084 系列稳压器

1084 系列稳压器与 1117 系列稳压器工作原理基本相同，只是其体积比后者大，最大输出电流为 5A，其引脚功能与 1117 系列相同。1084 系列稳压器在液晶彩电中的应用电路如图 8-14 所示。

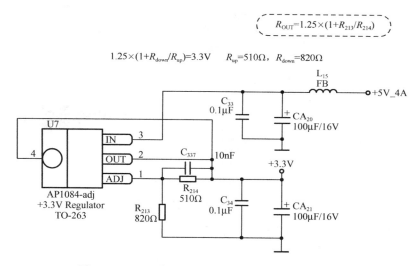

图 8-14　1084 系列稳压器在液晶彩电中的应用电路

8.2.4　开关型低压差 DC/DC 电源变换电路

开关型 DC/DC 变换器主要有电容式和电感式。这两种 DC/DC 变换器的工作原理基本相同，都是先存储能量，再以受控的方式释放能量，从而得到所需的输出电压。不同的是，电感式 DC/DC 变换器采用的是电感存储能量，而电容式 DC/DC 变换器采用的是电容存储能量。电容式 DC/DC 变换器的输出电流较小，带负载能力较差。因此，在液晶彩电中，一般采用电感式 DC/DC 变换器。

LM2596 系列

LM2596 系列开关电压调节器是降压型电源管理芯片，能够输出 3A 的驱动电流。固定版本有 3.3V，5V，12V；还有一个输出可调版本，可调范围为 1.2～37V。LM2596 固定式稳压器原理如图 8-15 所示。LM2596 引脚功能：1.输入；2.输出；3.地，4.反馈，5.通/断。

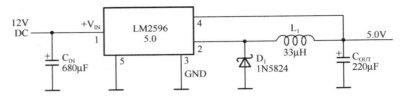

图 8-15　LM2596 固定式稳压器原理图

LM2596 封装及外形如图 8-16 所示。

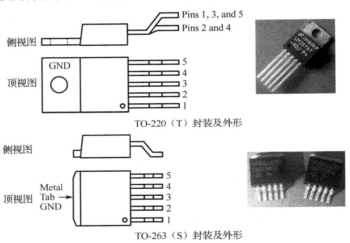

图 8-16　LM2596 封装及外形

LM2596 在长虹液晶电视中的应用电路如图 8-17 所示。

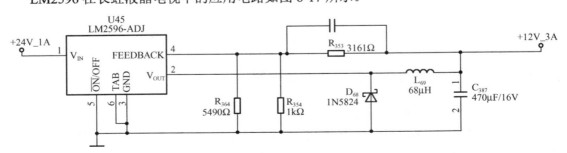

图 8-17　LM2596 在长虹液晶电视中的应用电路

8.3 可调三端稳压集成电路的应用

三端可调集成稳压器可以输出连续可调的直流电压。常见的产品有××117/××217/××317，××137/××237/××337。××117/××217/××317 系列可输出连续可调的正电压；××137/××237/××337 系列可输出连续可调的负电压。可调范围为 1.25～37V，最大输出电流可达 1.5A。典型产品有 LM317/LM337 等。三端可调集成稳压器（LM317）封装形式和引脚功能如图 8-18 所示。

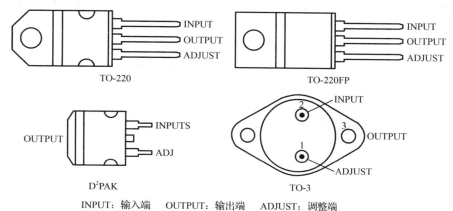

图 8-18　三端可调集成稳压器（LM317）封装形式和引脚功能

××117/××217/××317 和××137/××237/××337 两种系列的可调稳压器外形封装一样，区别在于输出电压一个是正压，一个是负压。

可调三端稳压集成电路应用电路如图 8-19 所示。

依据理论计算，输出电压 $V_o \approx 1.25 \times (1 + R_W/R_2)$V。

在空载情况下，为给稳压器的内部工作电源提供通路，并保持输出电压的精度和稳定，要选择精度高的电阻，电阻 R_W 的值一般选取 100～120Ω，这样一来，只要调节微调电阻 R_W 就可以改变其电阻，从而调节输出电压 V_o 的大小。因为基准电压在输出端和调整端之间，这就决定了输出电压大小只能从 1.25V 以上开始调节，如果要求有从 0V 开始连续可调的稳压电源，可将 R_W 不接地，而接到一个-1.25V 的电位上，而且输出电压的调节范围受集成稳压器最大输入-输出电压差的限制，对 CW117/CW217/CW317 来说，这个数值为 37～40V。调整器上的电容 C_1 可以消除长线引起的自激振荡，C_2 用来抑制容性负载（500～5000PF）时的阻尼振荡。

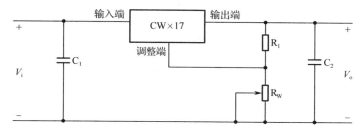

图 8-19　可调三端稳压集成电路应用电路

8.4 集成电路音频功率放大器的应用

集成电路音频功率放大器的型号是不计其数的,下面以TDA2030集成电路为例,来学习集成电路音频功率放大器的应用。

TDA2030是一种音质较好的集成电路功放,与性能类似的其他产品相比,它的引脚较少,外部元件较少,电气性能稳定而可靠,具有过载切断保护电路,若输出过载或短路,均能起保护作用,不会损坏器件。在单电源使用时,散热片可直接固定在金属板上与地线相通,无须绝缘,十分方便。该器件适用于在高保真立体声扩音机装置中作为音频功率放大器等。

TDA2030的外形及引脚功能如图8-20所示。

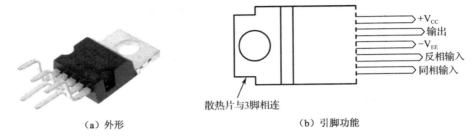

(a)外形　　　　　　　　(b)引脚功能

图8-20　TDA2030外形及引脚功能图

TDA2030的应用电路既可构成由双电源供电的OCL功率放大器(见图8-21),也可构成由单电源供电的OTL功率放大器(见图8-22),还可以由两个TDA2030构成BTL功率放大电路,如图8-23所示。TDA2030单电源供电的OTL功率放大器外形如图8-24所示。

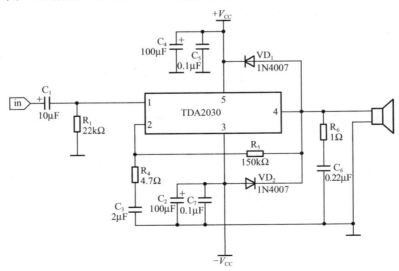

图8-21　TDA2030的双电源供电(OCL)

第8章 集成电路的应用、识别与检测

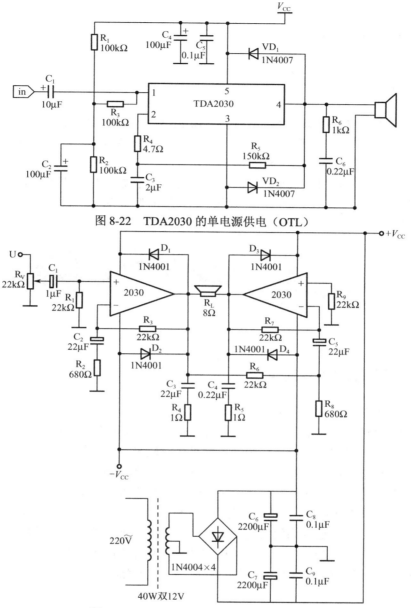

图 8-22 TDA2030 的单电源供电（OTL）

图 8-23 TDA2030 构成 BTL 功率放大电路

图 8-24 TDA2030 单电源供电 OTL 功率放大器外形

151

8.5 单片机的应用

8.5.1 单片机的特点

单片机就是把中央处理器 CPU、随机存储器 RAM、只读存储器 ROM、定时器/计数器以及输入/输出（I/O）接口电路等主要计算机部件，集成在一块电路芯片上的微型计算机，因此称为单片微控制器，简称单片机（MCU）。

在电子电路中，单片机是整个电路的控制中心，用于实现人机对话、监测工作电流、电网电压及操作、报警、显示当前状态等功能。单片机的型号及封装形式较多，常见单片机的外形如图 8-25 所示。

图 8-25 常见单片机的外形

8.5.2 单片机的基本工作条件

单片机有以下三个基本工作条件。

（1）必须有合适的工作电压。即 V_{DD} 电源正极和 V_{SS} 电源负极（地）两处电压。

（2）必须有复位（清零）电压。由于单片机电路较多，在开始工作时必须处在一个预备状态，这个进入状态的过程叫复位（清零），外电路应给单片机提供一个复位信号，使微处理器中的程序计数器等电路清零复位，从而保证微处理器从初始程序开始工作。

（3）必须有时钟振荡电路（信号）。由于单片机内有大规模的数字集成电路，这么多的数字电路组合要对某一信号进行系统的处理，就必须保持一定的处理顺序及步调一致性，此步调一致的工作由"时钟脉冲"控制。单片机的外部通常外接晶体振荡器（晶振）和内部电路组成时钟振荡电路，产生的振荡信号作为微处理器工作的脉冲。

8.5.3 单片机的应用方法

下面以尚朋堂牌 SC-1253 型电饭锅为例，来分析单片机在电子式电饭锅中的工作原理。尚朋堂牌电饭锅的工作原理如图 8-26 所示，其工作原理如下。

220V 市电经熔断器（FU_1）、电容降压电路（R_1、R_{12}、C_2）、整流电路（VD）、C_4 滤波，得到继电器（KA_1）供电电压，该电压进一步经滤波（C_5、R_5）、稳压（VZ_1、R_5），得到 8V 左右的电压供给单片机。其中，RZ_1 是压敏电阻，起过压保护；C_1 为抗干扰元件。

单片机的三个工作条件是：12 脚为正极供电端，9 脚为负极供电端；11 脚为复位端；13、14 脚为时钟振荡端，其外接 XT 石英振荡晶体。

当电源插头上电后，电饭锅就处于待机状态，单片机 18 脚输出低电平，指示灯 LED_5 待机指示灯点亮。以煮饭为例，按下煮饭按键（SW₃），15 脚从高电平变为低电平，完成煮饭控制信号的输入；此时，3 脚输出低电平，使 LED₁ 煮饭指示灯点亮，与此同时，6 脚输出高电平，驱动 Q₅ 导通，继电器（KA₁）励磁线圈得电，吸合常开触点（KA₁）闭合，使发热器通电开始加热工作。

RT₁、R₂₃、R₁₉、R₂₁、C₈、C₉ 共同组成了锅底温度检测电路。负温度系数热敏电阻 RT₁ 镶在发热器中间，随时对锅的温度进行检测，其变化电压输入至 7 脚，进而通过 6 脚对发热器的供电进行实时控制。

RT₂、R₂₄、R₂₀、R₂₂、C₁₁、C₁₀ 共同组成了保温检测电路。负温度系数热敏电阻 RT₂，随时对锅的温度进行检测，其变化电压输入至 8 脚，进而通过 6 脚对发热器的供电进行实时控制。

同样，煲汤、保温、煲粥的工作原理与煮饭相同，与之对应的指示灯也会点亮。

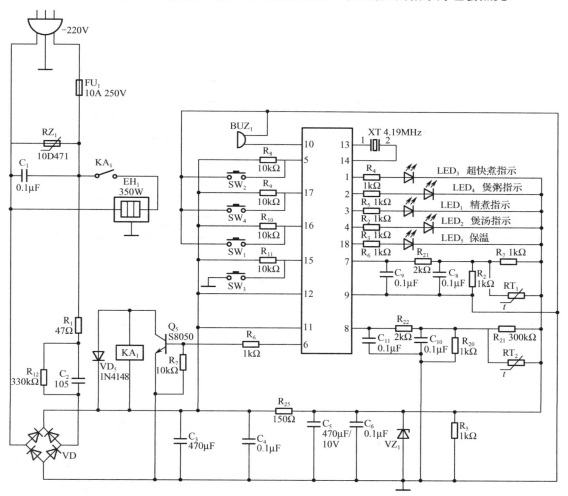

图 8-26 单片机在电子式电饭锅中的工作原理

8.6 集成电路的分类、识别

8.6.1 集成电路的分类

集成电路的分类如图 8-27 所示。集成电路按内部处理信号的功能可分为模拟集成电路、数字集成电路；按制作工艺可分为半导体、薄膜、厚膜、混合集成电路等；按集成度高低不同可为小规模（SSI）、中规模（MSI）、大规模（LSI）、超大规模（VLSI）集成电路等；按封装形式可分为晶体管式、扁平式、直插式等；按材料可分为金属、陶瓷-陶瓷、塑料-塑料等；按装配方式可分为通孔插装式、表面组装式、直接安装式等；按导电类型不同可分为双极性集成电路和单极性集成电路。

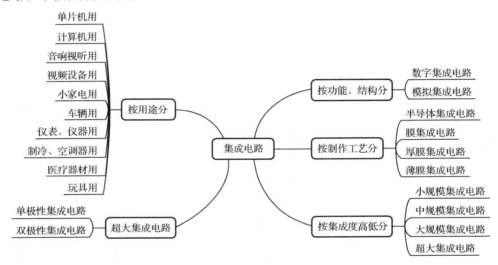

图 8-27 集成电路的分类

模拟集成电路按用途可分为集成运算放大器（电压比较器）、直流稳压器、功率放大器及专用集成电路等。数字集成电路主要有两大类，组合逻辑电路和序向逻辑电路；在实际过程中，最常见的数字集成电路主要有 TTL 和 CMOS 两大类。

8.6.2 运算放大器的识别

集成运放实质上是一个多级直接耦合的高电压放大倍数的放大器，集成运放的内部随型号不同而不同，但基本电路结构却有共同之处。集成运放的符号如图 8-28 所示，它有两个输入端：一个称为同相输入端，在符号图中标以"+"号；另一个称为反相输入端，在符号图中标以"-"号。有一个输出端，在符号图中标以"+"号。若将反相输入端接地，将输入信号加到同相输入端，则输出信号与输入信号极性相同；若将同相输入端接地，而将输入信号加到反相输入端，则输出信号与输入信号极性相反。实际集成运放的引脚除输入、输出端外，还有正、负电源端、调零端等，为方便学习在符号图中并没有画出。

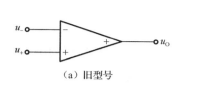
（a）旧型号

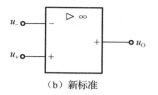
（b）新标准

图 8-28　集成运放的符号

集成运算放大电路的核心电路为一高电压放大倍数（几万至几千万倍）的直接耦合式的多级放大电路，常见的封装外形如图 8-29 所示，其内部电路一般由 4 个部分组成，如图 8-30 所示。

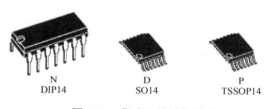

图 8-29　集成运放封装外形　　　　图 8-30　集成运放内部组成方框图

（1）输入级

输入级是影响集成运放工作性能的关键级。为保证直接耦合放大器静态工作点的稳定，使输入为零电压时，输出能基本维持在零电压不变，因此，必须采用带有恒流源的差动放大器，以减小零漂，提高输入电阻。

（2）中间级

中间级主要用来进行电压放大，要求有高的电压放大倍数，故一般采用一至两级共射电路构成的直接耦合放大器，提供足够的电压放大倍数。

（3）输出级

输出级为减小输出电阻，提高电路的带载能力，通常采用功率放大器，向负载提供一定的功率。为防止负载短路或过载时造成损坏，输出级往往还附有保护电路。

（4）偏置电路

为使各级放大电路得到稳定的直流偏置，偏置电路采用恒流源，向各级提供稳定的静态电流。

集成运算放大器的品种繁多。根据内部封装放大器的个数，集成运算放大器可以分为单运放、双运放、四运放。单运放常见的有 LM741、μA741、NE5534、TL081、LM833 等；双运放常见的有 LM358、TL082、NE5532、μA747、TL072、RC4558 等；四运放常见的有 LM324 和 TL084 等。双运放（或四运放）的内部包含两组（或四组）形式完全相同的运算放大器，除电源公用外，两组（或四组）运放各自独立。常见集成运算放大器的外形如图 8-31 所示。

图 8-31　常见集成运算放大器外形

8.6.3 数字集成电路的识别

数字集成电路通常都有固定的电路符号图，常用数字集成电路的电路符号见表 8-3。

表 8-3 常用数字集成电路的电路符号

名称	原理图符号	真值表			常用型号	外形图
与门	A—&—L=A·B (B输入)	输入 A / 输入 B / 输出 L 0 / 0 / 0 0 / 1 / 0 1 / 0 / 0 1 / 1 / 1			74HC21 CD4081	
或门	A—≥1—L=A+B (B输入)	输入 A / 输入 B / 输出 L 0 / 0 / 0 0 / 1 / 1 1 / 0 / 1 1 / 1 / 1			CD4071B	
非门	A—1—○—L=$\overline{A}$	输入 A / 输出 L 1 / 0 0 / 1			CD4069	
与非门	A—&—○—L=$\overline{A \cdot B}$ (B输入)	输入 A / 输入 B / 输出 L 0 / 0 / 1 0 / 1 / 1 1 / 0 / 1 1 / 1 / 0			CD4011 CD4012 74HC00 74LS03	
或非门	A—≥1—○—L=$\overline{A+B}$ (B输入)	输入 A / 输入 B / 输出 L 0 / 0 / 1 0 / 1 / 0 1 / 0 / 0 1 / 1 / 0			CD4002	

(续表)

名称	原理图符号	真值表			常用型号	外形图
		输入		输出		
		A	B	L		
异或门	A, B → =1 → L=A⊕B	0	0	0	CD4030	
		0	1	1		
		1	0	1		
		1	1	0		

8.6.4 固定三端稳压集成电路的识别

三端固定式集成稳压器只有三个引脚：输入、地线和输出，其输出电压固定不可调。按输出电压的极性来区分，有正输出三端稳压器和负输出三端稳压器两大类；按输出电压的大小来区分，有5V、6V、8V、9V、12V、15V、24V等。集成稳压电源芯片内设有过流、过热及短路保护电路，使用安全可靠，加之接线简单，价格低廉等优点，当前已被广泛采用。我国生产的该器件以"W"为前缀，不同公司生产的器件采用不同的前缀和后缀，但主体名称均类似。

三端固定稳压集成电路主要有 W78×× 系列和 W79×× 系列。输出正电压的稳压器以 W78×× 命名，其 78 后面的数字代表输出正电压的数值（V），有 5V、6V、9V、12V、15V、18V 和 24V 七个挡位；78 后面的字母表示最大工作电流，其中，L 表示最大输出电流为 100mA，M 表示最大输出电流为 500mA，无字母表示最大输出电流为 1.5A（加散热器）。输出负电压的稳压器以 W79×× 命名，后面的数字代表与 W78×× 系列相同。

三端稳压器的封装形式，常有两种：金属封装和塑封装。在 78××、79×× 系列三端稳压器中最常用的是 TO-220 和 TO-202 两种封装。这两种封装的导通及引脚序号、引脚功能如图 8-32 所示。

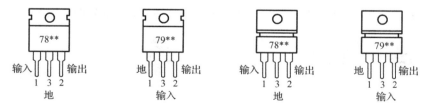

图 8-32 三端稳压器的外形和引脚功能

8.6.5 可调三端稳压集成电路的识别

可调三端稳压集成电路是在三端关断式稳压器基础上发展起来的一种性能更为优异的集成稳压器件，它除具备三端固定稳压器的优点外，既有正压稳压器，又有负压稳压器，同时就输出电流而言，有 100mA～0.5A～1.5A 等各类稳压器，还可用少量的外接元件，实现大范围的输出电压连续调节（调节范围为 1.2～37V），应用更为方便。三端可调稳压器的外形及引脚排列如图 8-33 所示。

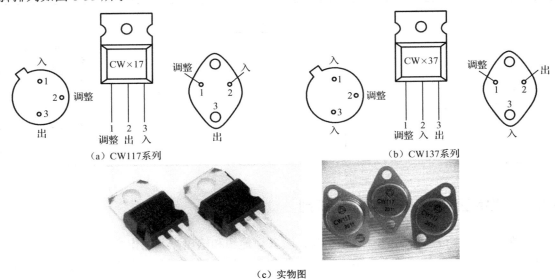

图 8-33 三端可调稳压器的外形及引脚排列

其典型产品有输出正电压的 CW117、CW217、CW317 系列和输出负电压的 CW137、CW237、CW337 系列。同一系列的内部电路和工作原理基本相同，只是工作温度不同。如 CW117、CW217、CW317 的工作温度分别为-55℃~150℃、-25℃~150℃、0℃~125℃。根据输出电流的大小，每个系列又分为 L 型系列（$I_O \leq 0.1A$）、M 型系列（$I_O \leq 0.5A$）。如果不标 M 或 L，则表示该器件的 $I_O \leq 1.5A$。

8.6.6 集成电路音频功率放大器的识别

集成音频功率放大器简称集成功放。集成功放的作用是将前级电路送来的微弱电信号进行功率放大，产生足够大的电流推动扬声器完成电声转换。集成功放由于外围电路简单，调试方便，所以被广泛应用在各类音频功率放大电路中。常见集成音频功率放大器的外形结构如图 8-34 所示。

图 8-34 常见集成音频功率放大器外形结构

常用的集成功放有 LM386，TDA2030，LM1875，LM3886 等型号。集成功放输出功率从几百毫瓦（mW）到几百瓦（W），根据输出功率的大小可以分为小、中、大功率放大器；根据功放管的工作状态又可分为甲类（A 类）、乙类（B 类）、甲乙类（AB 类）、丙类（C 类）和丁类（D 类）。甲类功率放大器失真小，但效率低，约为 50%，功率损耗大，一般应用在家庭的高档机中较多。乙类功率放大器效率较高，约为 78%，但缺点是容易产生交越失真。甲乙类放大器，兼有甲类放大器音质好和乙类放大效率高的优点，被广泛应用于家庭、专业、汽车音响系统中。丙类功率放大器较少,因为它是一种失真非常高的功放,只适合在通信领域使用。丁类音频功率放大器又叫数码功放,优点是效率最高,供电器可以缩小,几乎不产生热量,因此无须大型散热器,机身体积与质量显著减小,理论上失真低、线性佳,但这种功放工作复杂,售价也不便宜。集成功放在印制板图上的标示如图 8-35 所示。

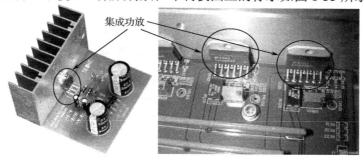

图 8-35 集成功放在印制板图上的标示

8.6.7 国产集成电路的命名方法

我国集成电路的型号命名采用与国际接轨的准则,一般由五部分组成,其各部分组成如图 8-36 所示,各部分含义见表 8-4。

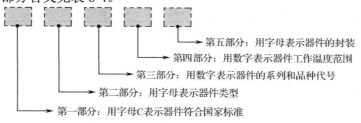

图 8-36 国产集成电路命名的组成

表 8-4 国产集成电路的型号命名

第一部分		第二部分		第三部分	第四部分		第五部分	
用字母表示器件符合国家标准		用字母表示器件的类型		用阿拉伯数字表示器件的系列和品种代号	用字母表示器件的工作温度范围		用字母表示器件的封装	
符号	意义	符号	意义		符号	意义	符号	意义
C	中国制造	T	TTL	数字	C	0℃～70℃	W	陶瓷扁平
		H	HTL		E	-40℃～85℃	B	塑料扁平
		E	ECL		R	-55℃～85℃	F	全封闭扁平
		C	CMOS				D	陶瓷直插
		F	线性放大器				P	塑料直插
		D	音响、电视电路				J	黑陶瓷直插
		W	稳压器		M	-55℃～125℃	K	金属菱形
		J	接口电路		……	……	T	金属圆形
		B	非线性电路					
		M	存储器					
		μ	微型机电路					

例如：

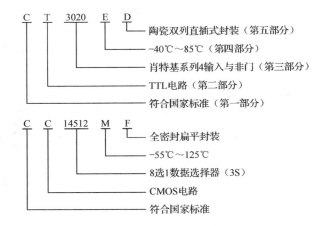

8.6.8 国外集成电路的命名方法

1. 日本生产的集成电路型号命名方法

（1）日本东芝公司生产的集成电路型号由三部分组成，各部分的意义见表8-5。

表8-5 日本东芝公司生产集成电路型号命名各组成部分的含义

第一部分：类型		第二部分：电路型号		第三部分封装形式或改进型	
字母	含义	数字	含义	字母	含义
TA	双极线性	4×××	CMOS 4000 系列	A	改进型
TC	CMOS			C	陶瓷封装
TD	双极数字			M	金属封装
TM	MOS	7×××	视听系列	P	塑料封装
TH	混合型集成电路			P—LB	塑料单更直插弯折式封装
				D, F	扁平封装

（2）日本三洋公司生产的集成电路型号由两部分组成，各部分含义见表8-6。

表8-6 日本三洋公司生产的集成电路型号命名各组成部分含义

第一部分：用字母表示集成电路类型		第二部分：型号
LA	单块双极线性	用数字表示集成电路型号
LB	双击数字	
LC	CMOS	
LE	MNMOS	
LM	PMOS，NMOS	
STK	厚膜	

（3）日本日立公司生产的集成电路型号命名由四部分组成，各部分的含义见表8-7。

表8-7　日本日立公司生产的集成电路型号命名各组成部分含义

第一部分：电路类型		第二部分：应用范围		第三部分：型号	第四部分：封装形式	
字母	含义	数字	含义		字母	含义
HA	模拟电路	11	高频用	用数字表示集成电路型号	P	塑料封装
					C	陶瓷封装
					F	双列扁平封装
HD	数字电路	12			R	引脚排列相反
					W	四列扁平封装
		13	音频用		G	陶瓷浸渍
HM	存储器（RAM）				NT	缩小型双列直插式封装
		14			NO	陶瓷双列直插队封装
HN	存储器（ROM）				F（FP）	塑料扁平直插式封装
		17	工业用		AP	改进型

（4）日本索尼公司生产的集成电路型号命名由三部分组成，各部分含义见表8-8。

表8-8　日本索尼公司生产的集成电路型号命名各组成部分含义

第一部分：类型		第二部分：型号	第三部分：封装形式或改进型	
字母	含义		字母	含义
CXA	双极型集成电路	用两位或三位数字表示集成电路的型号	A	改进型
CXB	双极型数字集成电路		D	双列直插式封装
CXD	MOS集成电路		L	单列直插式封装
CXK	存储器		M	小型扁平封装
BX	混合型集成电路		K	无引线芯片载体
L	CCD集成电路		Q	四列扁平封装
PQ	微处理器		S	缩小型双列直插式封装

2. 美国生产的集成电路型号命名方法

1）美国仙童公司

（1）半导体集成电路型号的命名方法

例如：μA　741　AHM

（2）各部分的含义

电路种类：μA—线性电路；SH—混合电路。

序号：741。

封装形式：D—双插直插式陶瓷封装；E—塑料外壳；F—扁平封装；H—金属封装；J—

金属功率封装（TO-3）；R—陶瓷小型双列直插式；S—陶瓷双列直插式；T—小型双列直插式；U—功率封装（TO-220）；塑料封装（TO-92）。

温度范围：C—0℃~75℃（CMOS 40℃~85℃），L—MOS -5℃~125℃

2）美国无线电公司

（1）半导体集成电路型号的命名方法

例如：CA 3176 AQ

（2）各部分的含义

电路种类：CA—模拟电路；CD—数字电路；CDP—微处理器；MWS—MOS 电路。

序号：3176。

改进标志：A、B—可以代换原型号的改进型，C—不能代换原型号的改进型。

封装形式：D—陶瓷双列直插式封装；E—塑料双列直插式封装；F—陶瓷双列直插式封装（玻璃封装）；L—梁式引线元器件；Q—四列直插式塑料封装；S—双列直插式（外引线）TO—5 型封装；EM—待散热片的改进型双列直插式塑料封装。

3）美国国家半导体公司

（1）半导体集成电路型号的命名方法

例如：LM 1126 N

（2）各部分的含义

电路种类：LM—模拟电路；LF—线性电路；LH—混合电路；LP—低功耗电路；TBA—仿制电路。

序号：1126。

封装形式：D—玻璃、金属双列直插式；G—TO—8 金属壳；H—TO—5 型金属壳；N—塑料双列直插式。

4）美国摩托罗拉公司

（1）半导体集成电路型号的命名方法

例如：MC 13 06 AP

（2）各部分的含义

电路种类：MC—已封装产品；MCC—未封装的芯片；MCCF—反装芯片；MCM—存储器；LM—仿 LM 系列芯片电路；NMS—存储器系统。

序号分类：13××—模拟电路；14××—仿 CD4000 系列的 CMOS 电路；58××—8 位μC 系列电路；60××—16 位μC 系列电路。

封装形式：F—陶瓷扁平封装；P—塑料直插式封装；L—陶瓷双列直插式封装；U—陶瓷

封装；G—TO—5 型封装；K—TO—3 型封装；T—TO—220 型封装。

5）美国模拟器件公司

（1）半导体集成电路型号的命名方法

（2）各部分的含义

温度范围：A、B、C—工业用；J、K、L—商业用；S、T、U—军用。

封装形式：D—陶瓷双列直插式封装；F—陶瓷扁平；H—TO—5 金属圆壳。

8.6.9　现场操作 16——集成电路的外形识别

集成电路的外形、特点见表 8-9。

表 8-9　集成电路的外形、特点

种类	外形	特点
小规模集成电路		集成 50 个以下的元件
中规模集成电路		集成 50～100 个元件
大规模集成电路		集成 100 个以上元件
超大规模集成电路		集成 10 000 个以上元件

（续表）

种类	外形	特点
晶体管式集成电路		
直插式集成电路		
扁平式集成电路		

集成电路在印制板图上的标志如图 8-37 所示。

图 8-37　集成电路在印制板图上的标志

常见几种集成电路的识别示意图见表 8-10。

表 8-10　几种集成电路的识别示意图

名称	外形
单列直插式 SIP、SSIP、SIPtab	
双列直插式 DIP、SDIP、DIPtab	DIP

（续表）

名 称	外 形
双列表面安装 SOP、SSOP	SOP　SOL　SOW
J形引脚小外形封装 SOJ	SOJ
四侧引脚扁平封装 QFP	QFP44
带引线塑料芯片 PLCC	PLCC44
球形触点阵列封装 BGA	

8.7 集成电路的封装形式及引脚排列规律

所谓封装是指安装集成电路用的外壳。按照封装材料，集成电路的封装可分为金属封装、塑料封装及陶瓷封装等。其中，塑料封装的集成电路最常用，它又分方形扁平型（适用于多脚电路）和小型外壳（适用于少引脚电路）两大类。按照封装外形，集成电路的封装可分为直插式封装、贴片式封装及 BGA 封装等类型。

8.7.1 金属圆形集成电路引脚排列规律

金属圆形集成电路引脚排列规律如下：将引脚朝上，从管键（凸起的定位销）开始，顺时针计数，如图 8-38 所示。

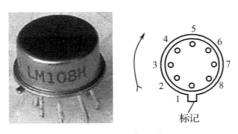

图 8-38 金属圆形集成电路引脚排列规律

8.7.2 单列直插式集成电路引脚排列规律

单列直插式集成电路引脚排列规律：将引脚朝下，面对型号或定位标记，自定位标记（凹坑、倒角或缺角、色点或色带等）一侧的头一只引脚开始计数，依次为 1, 2, 3, …, 9 脚，如图 8-39 所示。

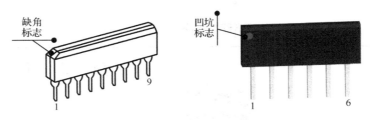

图 8-39 单列直插式集成电路引脚排列规律

8.7.3 单列曲插式集成电路引脚排列规律

单列曲插式集成电路的引脚也是呈一列排列的，但引脚不是直的，而是弯曲的，即相邻两只引脚弯曲方向不同。将正面对着自己，引脚朝下，一般情况下集成电路的左边是第一只引脚，如图 8-40 所示。从图中可以看出，1, 3, 5 单数引脚在弯曲一侧，2, 4, 6 双数引脚在弯曲的另一侧。

图 8-40　单列曲插式集成电路引脚排列规律

8.7.4　双列直插式集成电路引脚排列规律

双列直插式集成电路引脚排列规律：将 IC 正面的字母、代号对着自己，使定位标记（凹坑、倒角或缺角、色点或色带等）朝左下方，则处于最左下方的引脚是第 1 脚，再按逆时针方向依次计数，便是第 2,3…脚，如图 8-41 所示。

双列直插式封装（DIP）集成电路具有两排引脚，它适合 PCB 的穿孔安装，易于对 PCB 布线、安装方便。其结构形式主要有多层陶瓷双列直插式封装、单层陶瓷双列直插式封装及引线框架式封装等。引脚中心距 2.54mm，引脚数 6～64，封装宽度通常为 15.2mm。塑封造价低，应用最广泛；陶瓷封装耐高温，造价较高，用于高档产品。

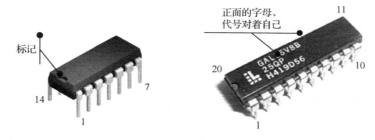

图 8-41　双列直插式集成电路引脚排列规律

8.7.5　双列表面安装集成电路引脚排列规律

双列表面安装集成电路引脚排列规律：将 IC 正面的字母、代号对着自己，使定位标记（凹坑、色点）朝左下方，则处于最左下方的引脚是第 1 脚，再按逆时针方向依次计数，便是第 2,3…脚，如图 8-42 所示。

图 8-42　双列表面安装集成电路引脚排列规律

8.7.6 扁平矩形集成电路引脚排列规律

扁平矩形集成电路从缺角处逆时针开始依次计数,如图 8-43 所示。方形扁平封装(QFP),通常只有大规模或超大规模集成电路采用这种封装形式,其引脚数一般都在 100 以上。

图 8-43 扁平矩形集成电路引脚排列规律

8.8 现场操作 17——电阻法测量集成电路

裸式集成电路(没上机前或印刷板上拆焊下)可测其正反电阻(开路电阻),粗略地判断故障的有无,是粗略判断集成块好坏的一种行之有效的方法。本书在没有特殊说明的情况下,正反向电阻测量是指黑表笔接测量点,红表笔接地,测量的电阻值叫正向电阻;红表笔接测量点,黑表笔接地,测量的电阻值叫反向电阻。

正反电阻法测量集成电路如图 8-44 所示。测量结果与说明问题如下。

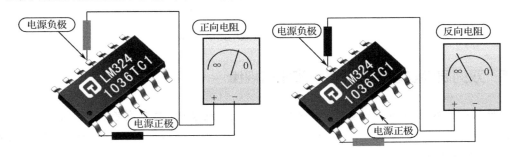

图 8-44 正反电阻法测量集成电路

测正向电阻时,红表笔固定接在地线的端子上不动,用黑表笔按着顺序(或测几个关键脚)逐个测量其他各脚,且一边做好记录数据。测反向电阻时,只需交换一下表笔即可。

测量完毕后,就可对测量数据进行分析判断。如果是裸式测量,各端子(引脚)电阻约为 0Ω 或明显小于正常值,可以肯定这个集成电路击穿或严重漏电,如果是在机(在路)测量,各端子电阻约为 0Ω 或明显小于正常值,说明这个集成块可能短路或严重漏电,要断开此引脚再测空脚电阻后,再下结论。另外也可能是相关外围电路元件击穿或漏电。

8.9 集成电路总结

现将集成电路的相关知识总结如表8-11所示,以便于掌握和记忆。

表8-11 集成电路总结

1	集成电路是指采用一定的工艺,把一个电路中所需的晶体管、电阻、电容和电感等元件及布线互连在一起,制作在一小块或几小块半导体晶片或介质基片上,然后封装在一起,成为具有所需电路功能的器件
2	集成运算放大器简称集成运放,它是一个具有高开环电压放大倍数的多级直接耦合放大电路
3	当运放工作在线性区(引入负反馈)时,根据输入信号情况可工作于反相放大状态与同相放大状态;当运放工作在非线性区(开环状态或正反馈)时,就是一个很好的电压比较器
4	可调三端稳压集成电路输出电压 $V_o \approx 1.25 \times (1 + R_W / R_2)$ V
5	TDA2030的应用电路既可构成由双电源供电的OCL功率放大器,也可构成由单电源供电的OTL功率放大器
6	三端固定式集成稳压器只有三个引脚:输入、地线和输出,按输出电压的极性来区分,有正输出三端稳压器和负输出三端稳压器两大类
7	可调三端稳压集成电路除具备三端固定稳压器的优点外,既有正压稳压器,又有负压稳压器。其典型产品有输出正电压的CW117,CW217,CW317系列和负电压的CW137,CW237,CW337系列
8	DC/DC电源变换电路目前主要有两种类型:线性稳压器和开关型DC/DC电源变换器。 线性稳压器一般采用的是低压差稳压模块,如常见的1117系列、1084系列等。1117有两个版本:固定输出版本和可调版本。 开关型DC/DC变换器主要有电容式和电感式
9	裸式集成电路可测其正反电阻(开路电阻),进行粗略地判断故障的有无,是粗略判断集成块好坏的一种行之有效的方法
10	任何型号单片机中的CPU在工作时,都必须具备三个基本条件:必须有合适的工作电压;必须有复位(清零)电压;必须有时钟振荡电路(信号)

第 9 章

开关、插接件、继电器的应用、识别与检测

开关和插接件的作用是断开、接通或转换电路；继电器是自动控制电路中常用的一种器件，它是用较小的电流来控制较大电路的一种自动控制开关，在电路中起着自动操作、自动调节和安全保护的作用。

9.1 开关的应用

9.1.1 总电源开关的应用

如图 9-1 所示是美的牌挂烫机工作原理图，S_1 为总电源开关，闭合总电源开关，接通电源发热管工作，升温后的发热管会将其接触的水转换为蒸气，蒸气通过导气管从喷头喷出，利用从喷头喷出的蒸气来熨烫衣物。

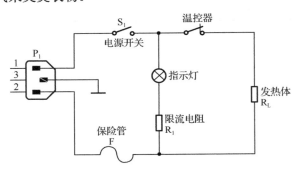

图 9-1 美的牌挂烫机工作原理图

9.1.2 选择开关的应用

如图 9-2 所示是常用家用电吹风机电路原理图，各元器件的主要作用如下：G 为选择按键开关，$VT_1 \sim VT_5$ 为整流二极管，R 为电热元件，M 为直流电机。

当按键开关置于 1 挡位时，电路处于断路状态，整机不工作。当按键开关置于 2 挡位时，整机供电经整流二极管 VT_5 半波整流，电热丝在降压条件下工作，输出温风。按键开关置于

3挡位时,电热丝在市电全压下工作输出热风。

电热丝的一小部分与桥式整流器（$VT_1 \sim VT_4$）并联,电源供电经全波整流后提供风扇电机的直流电源。

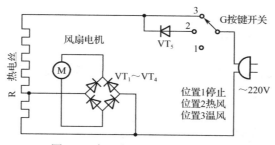

图9-2　家用电吹风机电路原理图

9.1.3　触发开关的应用

如图9-3所示是门铃电路的工作原理图,S为触发开关。该电路实际是一个音频振荡器,当按下触发开关,接通电源后,由电容器的充放电作用产生的触发信号控制三极管的导通,从而在电路里产生了音频振荡电流。这个电流通过扬声器,使它发出悦耳的声音。音调的高低可以通过调节电阻R_1和电容C的大小来控制。

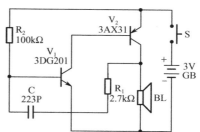

图9-3　门铃电路的工作原理图

9.1.4　调节开关的应用

如图9-4所示是电磁炉电路中按键接口电路的形式,单片机U4（HT46R47）的6脚为键扫描（KEY）I/O接口,若SW_1按键按下,则+5V电压经R_{64}、R_1分压,得到+1.67V的电压送至单片机的6脚,单片机得到这个指令后,按照内部预先设定的程序启动该功能项工作;若SW_2按键按下,则+5V电压经R_{64}、R_1、R_2分压,得到+2.91V的电压送至单片机的6脚,单片机得到这个指令后,按照内部预先设定的程序启动该功能项工作。同样道理,按键$SW_3 \sim SW_{10}$都是如此工作的。图中电阻R_{64}为上拉电阻,上拉电阻保证了在按键断开时,输入/输出（I/O）口线有确定的高电平;C_{26}为滤波电容。

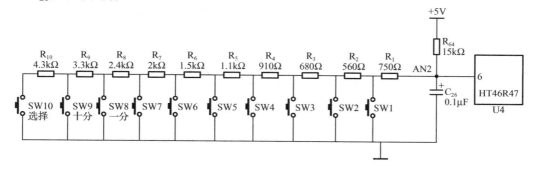

图9-4　电磁炉电路中按键接口电路

9.2 插接件的应用

9.2.1 在输入信号时的应用

如图 9-5 所示是功放的输入电路,音频输入信号需经插头、插座引入功放的前置放大级。图中的 IN1-L、IN2-L 是两路左声道输出端。

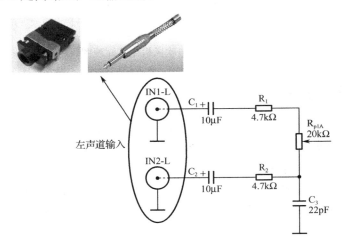

图 9-5 功放的输入电路

9.2.2 在输出信号时的应用

如图 9-6 所示是集成功放电路,音频外输出是通过 CK_2 插座来实现的。

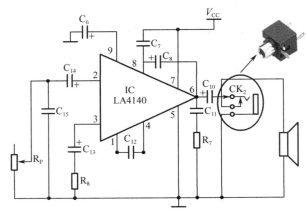

图 9-6 集成功放电路

9.3 继电器的应用

9.3.1 继电器保护电路的应用

如图 9-7 所示是桥式检测切断负载式保护电路。该电路针对 OCL 功放电路输出中点电压失调而设计,可同时保护两个声道,并且有开机延时保护功能。

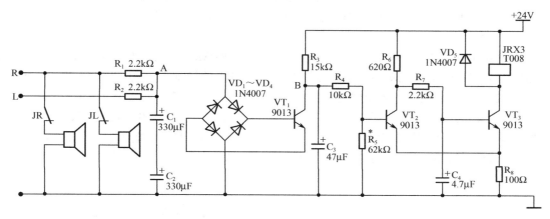

图 9-7 桥式检测切断负载式保护电路

L 端接左声道输出,R 端接右声道输出,两路信号通过 R_1、R_2 在 A 点混合,R_1、R_2 和 C_1、C_2 组成低通滤波器,$VD_1 \sim VD_4$ 组成射极耦合稳态继电器驱动电路,JR、JL 是继电器的两组常闭触点。

假设左声道功率放大器的输出端或中点电位偏离零点电压较大时,左声道输出信号经 R_2 和 C_1、C_2 滤波平滑后,在 A 点产生一个直流电压 U_2,设 $VD_1 \sim VD_4$ 和 VT_1 的临界导通电压为 U_R(硅管的 $U_R \approx 0.7V$),若 A 点电压 $U_2 > 3U_R$,则 U_2 通过 $VD_1—VT_1$ 发射结—VD_4—地,给 VT_1 提供基极电流,VT_1 导通;若 $U_2 < -3U_R$,则 U_2 通过地—$VD_3—VT_1$ 发射结—VD_2 提供基极电流,同样使 VT_1 导通。由此可知,只要左声道输出中点电压偏离零电位一个额定值,即至少要大于 VD_1、VD_4 或 VD_2、VD_3 及 VT_1 的导通电压之和,A 点电压 U_2 便会使 VT_1 导通。右声道的工作情况与此相同。

VT_1 导通后,B 点电压降低,双稳态电路被触发翻转,VT_2 截止,VT_3 导通,继电器通电,常闭触点 JR、JL 均断开,保护了功率放大器和扬声器。当 L 点和 R 点电压恢复正常后,A 点电压为零,VT_2 截止,C_3 上两端电压不能突变,电源通过 R_3 给 C_3 充电,使 B 点电压逐渐升高,当 B 点电压升到一定值时,VT_2 导通,双稳态电路被翻转,VT_3 截止,继电器断电,常闭点 JR、JL 均闭合,扬声器被接入,恢复正常工作。

利用 R_3 和 C_3 的延时作用,还可以避免开机带来的冲击声。这是因为当开机时,C_3 两端电压不能突变,VT_2 截止而 VT_3 导通,JR、JL 均断开,扬声器没有接入,电源通过 R_3 对 C_3 充电,待 C_3 两端电压充到一定值后,VT_2 导通而 VT_3 截止,JR、JL 均闭合,扬声器才接入。延迟时间由 R_3 和 C_3 的参数确定。C_1 和 C_2 反向串联,等效为一个无极性电容。VD_5 的作用是

抑制 VT_3 截止时在继电器线圈两端产生的反峰电压,保护 VT_3 不被击穿,C_4 用来防止窄脉冲干扰而引起 VT_3 误动作。

9.3.2 继电器报警电路的应用

如图 9-8 所示是采用雷达探测技术的感应式防盗报警器,电路中,雷达探测电路由雷达探测模块(内含微波发射、低通滤波、选频防盗等电路)IC_1、天线 W 和电感 L 组成;信号处理电路由识别防盗模块 IC_2(内含稳压、选通放大、软启动、比较放大、延时驱动等电路)、电容 C_1、电阻 R_1 和电位器 R_W 组成;报警电路由电阻 R_2、三极管 VT、二极管 VD、继电器 K 和喇叭 HA 组成。

IC_1 内部的振荡电路产生的微波振荡信号(约为 1000MHz)通过天线 W 向周围空间发射高频电磁波。在雷达扫描探测区域内无物体移动时,IC_2 的控制输出端(O 端)输出低电平,三极管 VT 处于截止状态,继电器处于释放状态,报警器不发声。

当有人在雷达扫描探测电路的有效控制范围内移动时,空间的磁场将发生变化。天线 W 将探测到的人体移动的回波信号送至 IC_1 进行处理后,使 IC_1 的信号输出端(O 端)输出超低频信号,该信号经 IC_2 进一步选择接通防盗及延时驱动处理后,从其控制输出端输出高电平,使三极管 VT 导通,继电器吸合,报警器发出报警声。

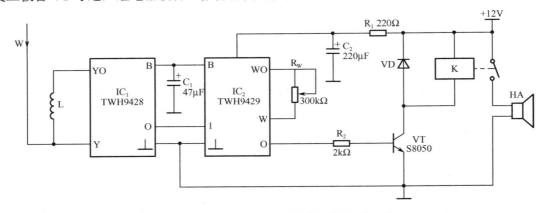

图 9-8 采用雷达探测技术的感应式防盗报警器

9.3.3 继电器自动控制电路的应用

如图 9-9 所示是长虹 KFR-25(35)GW/DC 空调器的工作原理图,其工作原理如下。

单片机 D101 的 5 脚为电加热器的控制端,当单片机输出低电平时,三极管 V_{105} 截止,继电器 K_{102} 线圈没有电流通过,继电器常开触点处于正常状态;当单片机输出高电平时,三极管 V_{105} 导通,其集电极电位为 0V,继电器 K_{102} 线圈有电流通过,继电器常开触点处于闭合状态。继电器闭合后,电热器并联于市电电路中,得电而发热工作。

第9章 开关、插接件、继电器的应用、识别与检测

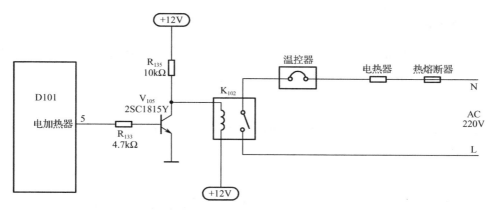

图 9-9 长虹 KFR-25（35）GW/DC 空调器的工作原理

9.4 开关的识别、检测

9.4.1 开关的分类及主要技术参数

常用开关的分类如图 9-10 所示。

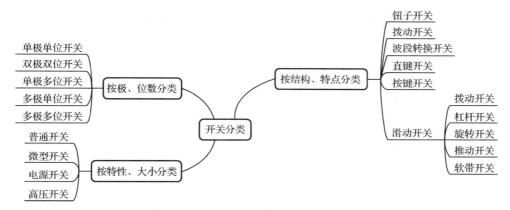

图 9-10 常用开关的分类

开关的主要技术参数如下。

1. 额定电压

正常工作状态下，开关断开时动、静触点可以承受的最大电压，称为开关的额定电压，对交流开关而言，则指交流电压的有效值。

2. 额定电流

正常工作时开关所允许通过的最大电流，称为开关的额定电流，在交流电路中指交流电流的有效值。

3. 接触电阻

开关接通时，相通的两个接点之间的电阻值，称为开关的接触电阻。此值越小越好，一般开关接触电阻应小于 20mΩ。

4. 绝缘电阻

开关不相接触的各导电部分之间的电阻值，称为开关的绝缘电阻。此值越大越好，一般开关绝缘电阻在 100MΩ 以上。

5. 耐压

耐压也称抗电强度，指开关不相接触的导体之间所能承受的最大电压值。一般开关耐压大于 100V，对电源开关而言，耐压要求不小于 500V。

6. 工作寿命

开关在正常工作条件下的有效工作次数，称为开关的工作寿命。一般开关为 5000～10 000 次，要求较高的开关可达 5×10^4～5×10^5 次。

9.4.2 开关的外形及符号识别

开关在电路原理图中通常用字母"S"或"K"表示，其符号如图 9-11 所示。

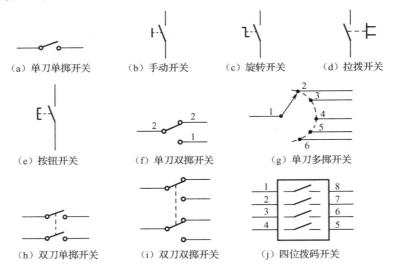

图 9-11 开关的电路图符号

1. KFC 轻触开关系列

KFC 轻触开关系列的外形如图 9-12 所示。

2. KF、KFT 按键开关系列

KF、KFT 按键开关系列的外形如图 9-13 所示。

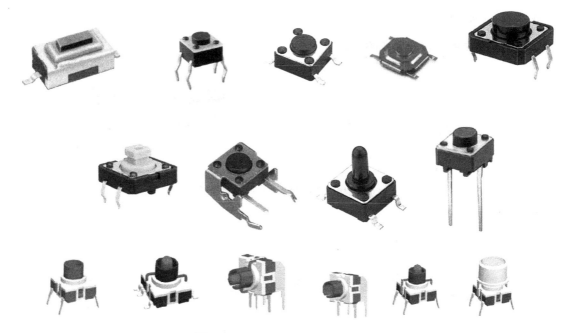

图 9-12　KFC 轻触开关系列的外形

　KFT-7.0　　　　KFT-8.0　　　　KFT-8.5　　　　KFT-10　　　　KFT-5.8　　　　KFT-14　　　　KFT-101

图 9-13　KF、KFT 按键开关系列的外形

3. PBS 按键开关系列

PBS 按键开关系列的外形如图 9-14 所示。

　PBS-22F02　　　　PBS-22H14　　　　PBS-42(62)H18　　　　PBS-42H21　　　　PBS-82H18

图 9-14　PBS 按键开关系列的外形

4. KDC 按键开关系列

KDC 按键开关系列的外形如图 9-15 所示。

　KDC-A04　　　　KDC-A10　　　　KDC-A11　　　　KDC-A20

图 9-15　KDC 按键开关系列的外形

5. DS 微动开关系列

DS 微动开关系列的外形如图 9-16 所示。

图 9-16　DS 微动开关系列的外形

6. 叶片开关系列

叶片开关系列的外形如图 9-17 所示。

图 9-17　叶片开关系列的外形

7. 拨动开关系列

拨动开关系列的外形如图 9-18 所示。

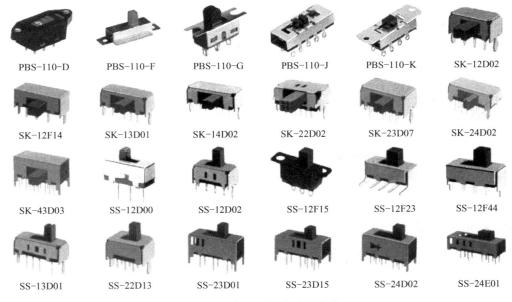

图 9-18　拨动开关系列的外形

8. 电源开关系列

电源开关系列的外形如图 9-19 所示。

图 9-19　电源开关系列的外形

9.4.3　现场操作 18——开关的检测

开关的检测主要是检测开关接触电阻和绝缘电阻是否符合规定要求。

以一刀两位（单刀双掷）开关为例，测量示意图如图 9-20 所示。把万用表欧姆挡置于最小量程或采用蜂鸣器挡，把一表笔与刀连接（如图中的 2 脚），另一表笔分别与两个位相连接（如图中的 1 脚、3 脚），此时开关若处于接通位置，万用表指示阻值应为 0Ω（或蜂鸣报警），表明接触良好；当开关处于断开位置时，万用表指示阻值应为∞（或蜂鸣器不响），表明开关正常。若开关处于接通位置而万用表指示有阻值或∞，则开关刀与位之间接触不良，或未接通；若开关处于关闭位置时，万用表指示接通，表明开关已损坏。

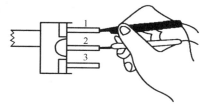

图 9-20　开关的检测示意图

对于多刀多位，每个刀与位之间接触都要按上述检测方法进行检查。

9.5　插接件的识别、检测

9.5.1　插接件的识别

1. 2.5/3.5/6.35 插口、插头系列

2.5/3.5/6.35 插口系列的外形如图 9-21（a）所示，2.5/3.5/6.35 插头系列的外形如图 9-21（b）所示，插口、插头电路符号如图 9-21（c）所示。

2. 电源插座系列

电源插座系列的外形如图 9-22 所示。

(a) 2.5/3.5/6.35插口系列的外形

(b) 2.5/3.5/6.35插头系列的外形

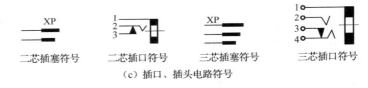

(c) 插口、插头电路符号

图 9-21 插口、插头外形及电路符号图

图 9-22 电源插座系列的外形

3. AV 插座、插头系列

AV 插座、插头系列的外形如图 9-23 所示。

图 9-23　AV 插座、插头系列的外形

4. 接线柱系列

接线柱系列的外形如图 9-24 所示。

图 9-24　接线柱系列的外形

9.5.2　现场操作 19——双芯插座和插头的检测

双芯插座和插头的结构如图 9-25（a）所示，它能起到开关的作用。当插头未插入插座时，定片 D 与动片 E 接通；插头插入后，动片 E 与定片 D 断开。这时，动片 E 与插头尖 E′接通，外壳 C 与插头套管 C′接通。

首先通过观察，看其簧片是否变形、氧化；焊片是否折断。若发现变形应予以矫正。

将万用表置于 R×10Ω挡，检测内外簧片之间、座体焊片与其他簧片之间是否漏电。若有漏电现象，万用表指针将指示很小的电阻或"0Ω"，漏电的插座不宜使用。正常情况是万用表指针指示的阻值为"∞"。检测插座绝缘电阻的方法如图 9-25（b）所示。

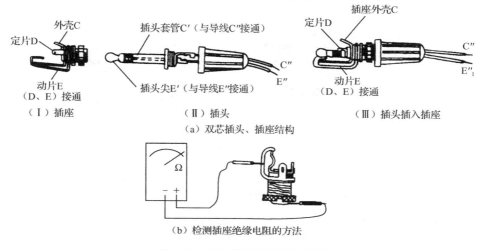

图 9-25　双芯插座和插头的检测

9.6 继电器的识别、检测

9.6.1 继电器的分类

继电器的分类如图 9-26 所示。

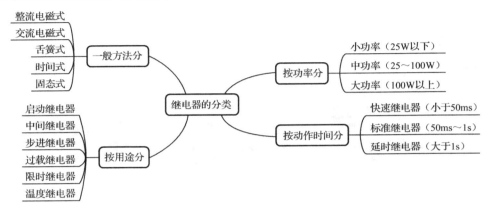

图 9-26　继电器的分类

9.6.2 继电器的外形及符号识别

常用的继电器主要有电磁继电器、干簧管继电器和固态继电器等。电磁式继电器按所采用的电源又可分为交流电磁继电器和直流电磁继电器。

1. 电磁继电器

常见电磁继电器的外形如图 9-27 所示。

图 9-27　常见电磁继电器的外形

电磁式继电器属于触点式继电器，主要由铁芯、衔铁、弹簧、簧片及触点等组成，在电路中常用 "K" 或 "KA" 表示。其工作原理如图 9-28 所示，当电磁继电器线圈 1、2 两端加上工作电压时，线圈及铁芯被磁化成为电磁铁，将衔铁吸住，衔铁带动触点 3 与静触点 5 分离，而与静触点 4 闭合。这一状态称为继电器吸合状态。吸合后，线圈内必须有一定的稳持电流才能使触点保持吸合状态。

线圈断电后，在弹簧拉力的作用下，衔铁复位，带动触点也复位。这一过程称为释放（或复位）状态。

继电器的符号如图9-29所示，对于继电器的"常开、常闭"触点，可以这样来区分：继电器线圈未通电时处于断开状态的静触点，称为"常开触点"，又称"动合触点"；处于接通状态的静触点称为"常闭触点"，又称"动断触点"。

常用电磁继电器的触点有三种基本形式：动合触点（常开触点）、动断触点（闭合触点）、转换触点（动合和动断切换触点），它们的电路图形符号如图 9-29 所示。

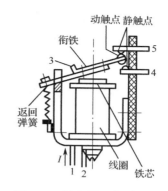

图 9-28　继电器工作原理图

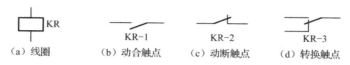

图 9-29　继电器的电路图形符号

（1）动合型（H 型）线圈不通电时两个触点是断开的，通电后，两个触点就闭合。以合字的拼音字头"H"表示。

（2）动断型（D 型）线圈不通电时两个触点是闭合的，通电后两个触点就断开。用断字的拼音字头"D"表示。

（3）转换型（Z 型）这是触点组型。这种触点组共有三个触点，即中间是动触点，上下各一个静触点。在线圈不通电时，动触点和其中一个静触点断开和另一个闭合，线圈通电后，动触点就移动，使原来断开的成为闭合状态，原来闭合的成为断开状态，达到转换的目的。这样的触点组称为转换触点，用"转"字的拼音字头"Z"表示。

2. 干簧管继电器

干簧管继电器是由干簧管和绕在其外部的电磁线圈等构成的，如图 9-30（a）所示。当线圈通电后（或永久磁铁靠近干簧管）形成磁场时，干簧管内部的簧片将被磁化，开关触点会感应出磁性相反的磁极。当磁力大于簧片的弹力时，开关触点接通；当磁力减小至一定值或消失时，簧片自动复位，使开关触点断开。其外形如图 9-30（b）所示。

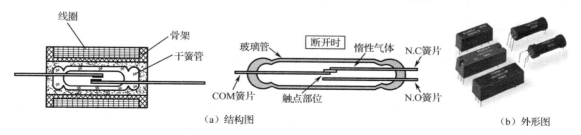

图 9-30　干簧管继电器结构与外形

3. 固态继电器

固态继电器按使用场合不同可分为直流型（DC-SSR）和交流型（AC-SSR）两种；按开

关类型可分为常开型和常闭型；按隔离类型可分为混合型、变压器隔离型和光电隔离型，以光电隔离型为最多。固态继电器的外形及符号如图9-31所示。

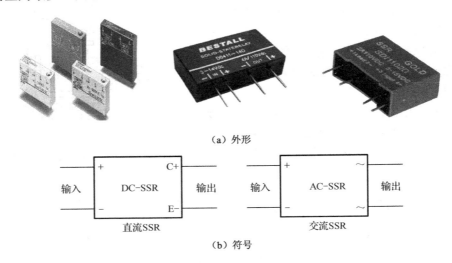

(a) 外形

(b) 符号

图 9-31 固态继电器的外形及符号

9.6.3 继电器的主要参数

1. 线圈额定电压

使触点稳定切换时线圈两端所加的电压称为额定电压。额定电压分为直流电压和交流电压。额定直流电压常有 6V, 9V, 12V, 24V, 48V 等。对于线圈所加的工作电压，一般不要超过额定工作电压的 1.5 倍，否则会产生较大的电流而把线圈烧毁。

2. 吸合电压

保持触点吸合，线圈两端应加的最低电压称为吸合电压，通常为额定电压的 70%～80%。

3. 吸合电流

触点吸合时线圈通过的最小电流称为吸合电流。在正常使用时，给定的电流必须略大于吸合电流，这样继电器才能稳定地工作。

4. 释放电压

触点吸合后再释放时，线圈两端所加的最高电压称为释放电压，通常比吸合电压低。

5. 释放电流

释放电流是指继电器产生释放动作时的最大电流。当继电器吸合状态的电流减小到一定程度时，继电器就会恢复到未通电时的释放状态。释放电流远远小于吸合电流。

6. 线圈消耗功率

继电器线圈所消耗的额定电功率称为线圈消耗功率。

7. 触点负荷

触点负荷是指触点的带载能力，即触点能安全通过的最大电流和最高电压。

9.6.4 现场操作20——继电器的检测

1. 电磁继电器的检测

（1）检测触点电阻

如图9-32所示是电磁继电器触点电阻的检测方法，用万用表的电阻挡测量常闭触点与动点电阻，其阻值应为"0Ω"；而常开触点与动点的阻值就为无穷大。由此可以区别出哪个是常闭触点，哪个是常开触点。用万用表的 R×1Ω挡测量常闭触点的电阻值，正常情况万用表指针指示的阻值为"0Ω"；将衔铁按下，此时常闭触点的阻值应为"∞"。若在没有按下衔铁时，测出常闭某一组触点有一定的阻值或阻值为"∞"，则说明该组触点已烧坏或氧化。

（2）检测线圈电阻

电磁继电器触点线圈的检测方法如图9-33所示。电磁式继电器线圈的阻值一般为25Ω～2kΩ。额定电压低的电磁继电器线圈的阻值较低，额定电压高的电磁继电器线圈的阻值较高。可用万能表 R×10Ω挡测量继电器线圈的阻值，从而判断该线圈是否存在开路现象。若测得其阻值为"∞"，则线圈已断路损坏；若测得其阻值低于正常值很多，则是线圈内部有短路故障。如果线圈有局部短路，用此方法不易发现。

（a）常开触点　　（b）常闭触点

图9-32　电磁继电器触点电阻的检测

图9-33　电磁继电器触点线圈的检测

2. 干簧管继电器的检测

用万用表检测干簧管好坏的方法如图9-34所示。以常开式两端干簧管为例，将万用表置R×1Ω挡，两表笔分别接干簧管继电器的两端，阻值应为"∞"。拿一块永久磁铁靠近干簧管继电器，此时万用表指针应向右摆至"0Ω"，说明两簧片已接通，然后将永久磁铁离开干簧管继电器后，万用表示数应为"∞"，则说明干簧管基本正常。

对于三端转换式干簧管，同样可采用上述方法进行检测。但在操作时要弄清三个接点的相互关系，以便得到正确的测试结果，并做出正确的判断。

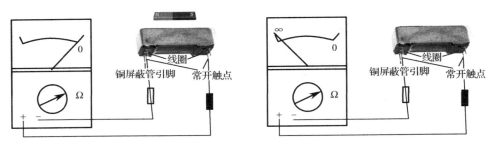

图 9-34　万用表检测干簧管好坏

干簧管线圈好坏的检测方法如图 9-35 所示。可以采用通电进行检测。将万用表置于 R×1Ω 挡，测量干簧管继电器触点引脚之间的电阻，然后给线圈引脚加上额定工作电压，正常触点引脚间阻值应由"∞"变为"0"，若阻值始终为"∞"，表明干簧管触点断路。

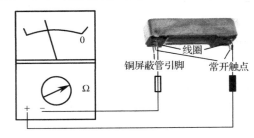

图 9-35　干簧管线圈好坏的检测

3. 固态继电器的检测

（1）判别固态继电器的输入、输出端

对无标识或标识不清的固态继电器的输入、输出端的确定方法是：将指针万用表置于 R×10kΩ 挡，将两表笔分别接到固态继电器的任意两脚上，看其正、反向电阻值的大小，当测出其中一对引脚的正向阻值为几十欧～几十千欧、反向阻值为无穷大时，此两引脚即为输入端。黑表笔所接的引脚就为输入端的正极，红表笔所接的引脚就为输入端的负极。经上述方法确定输入端后，输出端的确定方法是：对于交流固态继电器，剩下的两引脚便是输出端且没有正与负之分。对直流固态继电器仍需判别正与负，方法是：与输入端的正、负极平行相对的便是输出端的正、负极。

需要指出的是，有些直流固态继电器的输出端带有保护二极管，保护二极管的正极接固态继电器的负极，保护二极管的负极则是与固态继电器的正极相接，测试时要注意正确区分。

（2）判别固态继电器的好坏

置万用表 R×10kΩ 挡，测量继电器的输入端电阻，正向电阻值应在十几千欧左右，反向电阻为无穷大，表明输入端是好的。然后用同样挡位测继电器的输出端，其阻值均为无穷大，表明输出端是好的。如与上述阻值相差太远，表明继电器有故障。

9.7 开关、插接件、继电器总结

现将开关、插接件、继电器的相关知识总结如表 9-1 所示，以便于掌握和记忆。

表 9-1 开关、插接件、继电器总结

1	开关的主要作用是作为电源的总开关、选择开关、触发开关、调节开关等
2	插接件主要应用于输入信号、输出信号等
3	开关的主要技术参数有额定电压、额定电流、接触电阻、绝缘电阻、耐压和工作寿命等
4	开关在电路原理图中通常用字母"S"或"K"表示
5	插口、插头主要系列有 2.5/3.5/6.35
6	常用的继电器主要有电磁继电器、干簧管继电器和固态继电器等。电磁式继电器按所采用的电源来分，又可分为交流电磁继电器和直流电磁继电器
7	电磁式继电器属于触点式继电器，主要由铁芯、衔铁、弹簧、簧片及触点等组成，在电路中常用"K"或"KA"表示
8	对于继电器的"常开、常闭"触点，可以这样来区分：继电器线圈未通电时处于断开状态的静触点，称为"常开触点"，又称"动合触点"；处于接通状态的静触点称为"常闭触点"，又称"动断触点"。常用电磁继电器的触点有三种基本形式：动合触点（常开触点），动断触点（闭合触点），转换触点（动合和动断切换触点）
9	干簧管继电器是由干簧管和绕在其外部的电磁线圈等构成的
10	固态继电器按使用场合不同可分为直流型（DC-SSR）和交流型（AC-SSR）两种；按开关类型可分为常开型和常闭型；按隔离类型可分为混合型、变压器隔离型和光电隔离型，以光电隔离型为最多
11	继电器的主要参数有线圈额定电压、吸合电压、吸合电流、释放电压、释放电流、线圈消耗功率及触点负荷等

第10章

传感器的应用与识别

传感器就是将一些变化的参量（如温度、磁场、速度等）转换为电信号的器件。常用的传感器除前面学习的光敏电阻、热敏电阻等普通传感器外，还有温度传感器、霍尔传感器及热释电红外传感器等。

霍尔元件与其他导体元件的特性不同，它的电流、电压性能对磁场特别敏感，在检测磁场方面有独特的作用。热释电红外传感器又称为热释电传感器，是一种被动式调制型温度敏感器。

10.1 传感器的应用

10.1.1 温度传感器电路的应用

1. 双金属片温度传感器电路的应用

双金属片温度传感器在机械式电饭锅中的应用如图10-1所示。

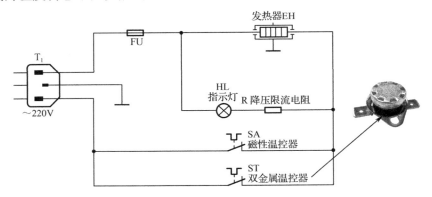

图 10-1 双金属片温度传感器在机械式电饭锅中的应用

图中 T_1 是电源插头，FU 为超温熔断器，SA 是磁性温控器（与按键开关组合限温），ST 是双金属温控器（60℃～80℃范围内保温），EH 是发热器，R 是降压限流电阻，HL 是指示灯。

常温下，双金属温控器的触点是闭合状态，而磁性温控器的触点是断开状态。插好电源线未按按键开关时，发热器即能通电，指示灯 HL 点亮，电饭锅处于保温，温度只要升高到80℃，双金属温控器 ST 的触点便会断开，切断电热板的电源。如要煮饭，必须按下操作按键，磁性温控器 SA 动作，按键开关闭合。此时 SA、ST 并联，发热器发热，且指示灯点亮，锅内温度逐渐上升。当温度升到（70±10）℃时，双金属温控器 ST 动作，常闭触点断开，但 SA 的常开触点仍闭合，电路仍导通，发热器继续发热。等饭煮熟，温度升高到（103±2）℃时，磁性温控器 SA 的触点断开，发热器断电，停止加热，指示灯 HL 熄灭。随着时间的延长，当温度降至 70℃以下时，双金属温控器 ST 触点闭合，电路又接通，指示灯 HL 点亮，发热器 EH 发热，温度逐渐上升。此后，通过双金属温控器触点的重复动作，能使熟饭的温度保持在 70℃左右。

2. 热敏电阻温度传感器电路的应用

如图 10-2 所示是热敏电阻温度传感器在豆浆机电路的应用。R#是负温度系数热敏电阻。当水温达到 88℃时，其变化的分压值通过 11 脚送至单片机，单片机得到此反馈电压后执行打浆程序。

3. 集成温度传感器的应用

如图 10-3 所示为集成温度传感器的应用。其中，图 10-3（a）是 LM35 的基本测温原理电路，U_O 是输出电压端，U_S 是电压端，GND 为地；图 10-3（b）是常用 LM35 组成的单电源供电差动输出的电路，U_O 为被测温度的输出电压，VD_1 和 VD_2 可采用 1N4148 等；图 10-3（c）是采用 LM35 组成的 2℃～150℃温度传感器电路；图 10-3（d）是常用 LM35 组成的满量程摄氏温度计，当输出电压 U_O=+1500mV 时，被测温度 t=150℃，当 U_O=250mV 时，t=25℃，当 U_O=−550mV 时，t=−55℃。

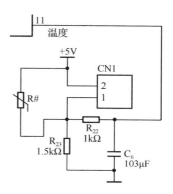

图 10-2 热敏电阻温度传感器在豆浆机电路的应用

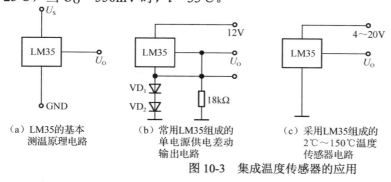
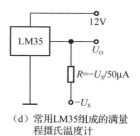

(a) LM35的基本测温原理电路　(b) 常用LM35组成的单电源供电差动输出电路　(c) 采用LM35组成的2℃～150℃温度传感器电路　(d) 常用LM35组成的满量程摄氏温度计

图 10-3 集成温度传感器的应用

4. 数字输出集成温度传感器的应用

如图 10-4 所示是功放电路的散热控制电路。在大功率功放机中，功放机的发热量一般很大，若散热措施不好，就会影响到功放机的输出音质，甚至损坏功放机。因此，在功放机的功放级附近安装一个由 LM26 组成的自动控制风扇，则会对该电路进行强制散热，就能显著地降低功放电路功放级的表面温度。

10.1.2 霍尔元件的应用

如图 10-5 所示是用霍尔元件组装的 CT2 磁场计电路。

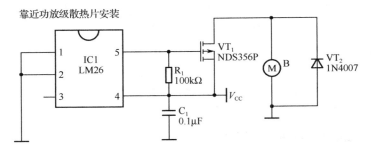

图 10-4　功放电路的散热控制电路

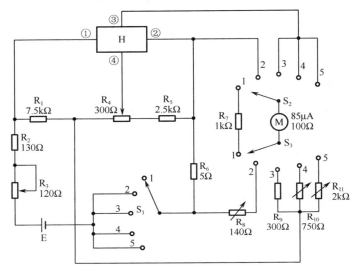

图 10-5　用霍尔元件组装的 CT2 磁场计电路

（1）关断电路

当波段开关调到 1 挡位的关断位置时，S_1、S_2、S_3 便同时处于位置 1。这时电源 E 被关断，电压 E 加不到霍尔元件 H 上。

（2）校准电路

磁场计 2 挡属于校准挡，其作用是调节霍尔元件控制极的电流。电路中的 R_3 是用来校准表头指针偏转的。

（3）校零电路

测量磁场之前，还必须要对磁场计进行校零调节。校零是通过调节 R_4 来实现的。

（4）测量电路

当磁场计调到 3、4、5 挡时，可对磁场进行测量。

10.1.3　霍尔传感器的应用

霍尔传感器输出的电压，可以驱动控制三极管、晶闸管等元件，也可驱动 TTL、MOS 等集成电路，从而与它们组成许多形式的控制电路，来控制电气设备的开和关，检测转动物体的转速，测量往返运动的运动频率等，也可应用于家庭防盗、智能化等设备中。下面对几种形式的控制电路进行简述，如图 10-6 所示为霍尔传感器的几种应用。

图 10-6（a）是一个利用霍尔传感器控制三极管在截止与饱和导通两种状态下的控制电路，图中 R_{fz} 是被控制的负载，电源上电后，当磁场靠近霍尔开关感应到磁感应强度时，第②电极就输出低电压，三极管截止，关断负载的电流。

当没有磁场接近霍尔开关时，第②电极就没有信号输出，就由 R_1、R_2 建立起高电平加到 VT 基极，三极管饱和导通有电流，使负载 R_{fz} 上有电流流过。

图 10-6（b）、（c）是用霍尔传感器分别控制单向晶闸管、双向晶闸管的电路，各有两组电源，即霍尔传感器所需的电源 U_{CC} 和晶闸管负载所需电源 U_O。

电路接通电源，且有磁场靠近使霍尔传感器感应到磁场强度后，第②电极就输出低电压，晶闸管因无触发信号而截止，负载 R_{fz} 就停止工作。当霍尔开关没有感应到磁场时，第②电极就间接输出高电平，触发晶闸管导通，负载 R_{fz} 得电而工作。

图 10-6（d）、（e）、（f）是利用霍尔传感器分别控制不同集成电路工作。

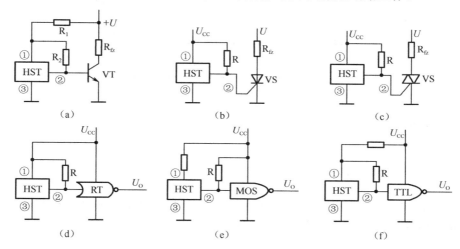

图 10-6 霍尔传感器的几种应用

如图 10-7 所示是一个用霍尔传感器组成的转速测量器，永久磁铁可安装在车子的钢圈上，霍尔传感器可固定在不转动的轴架上，并将霍尔开关的三根电极线接至计数器。适当调整霍尔传感器的感应面与永久磁铁的距离，就可以对转动物体进行转速测量。

物体转动一周，霍尔传感器就感应一次永久磁铁的磁场。此时霍尔传感器从输出端输出一个脉冲电压，计数器得到一个脉冲，就从显示屏上显示"1"；得到两个脉冲，就显示"2"。实际上，计数器就是一个累加器。

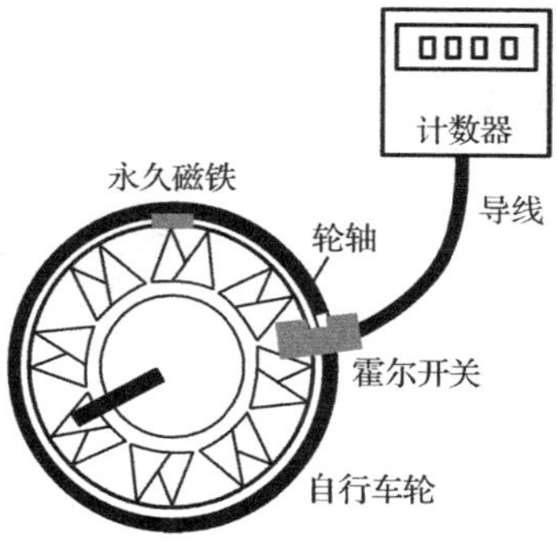

图 10-7 用霍尔传感器组成的转速测量器

10.1.4 热释电传感器电路的应用

热释电传感器在人体感应照明开关电路中的应用如图 10-8 所示，该电路主要由电容降压电路、全波整流电路、稳压电路及控制执行电路等组成。

当市电经电容 C_1 降压后送至全桥 D，经全桥整流、C_2 滤波及稳压集成电路 78L05 稳压后得到+5V 直流电压，作为远红外热释电传感器模块的供电电压。感应模块的输出直接驱动继电器 J，当有感应信号输出时，输出端子"1"脚就输出高电平延时信号驱动继电器，继电器 K 吸合后，照明灯点亮；在没有感应信号输出时，模块处于静态，输出端处于低电平，不能驱动继电器吸合，继电器触点开关断开，照明灯熄灭。这就达到了人体感应控制照明灯的目的。

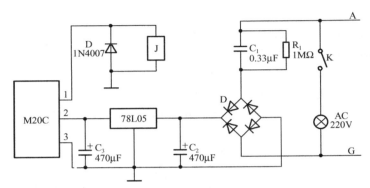

图 10-8　热释电传感器在人体感应照明开关电路中的应用

10.2　传感器的识别

10.2.1　温度传感器识别

温度传感器主要有四种类型：热敏电阻、集成温度传感器、热电偶和电阻温度检测器（RTD）。集成温度传感器又包括模拟输出和数字输出两种。

1. 模拟输出集成温度传感器

模拟输出集成温度传感器输出与温度成正比的电压或电流。常用的模拟输出集成温度传感器有 XC616A，XC616C，LX6500，LM3911，LM35，LM134，AD590 等，几种模拟输出集成温度传感器外形如图 10-9 所示。

（a）LM35

（b）AD590

图 10-9　几种模拟输出集成温度传感器外形

2. 数字输出集成温度传感器

数字输出集成温度传感器通过气内部的 ADC 将传感器的模拟输出转换为数字信号。数字输出集成温度传感器最常用的是 LM26。LM26 的外形及各引脚功能如图 10-10 所示，其主要特点如下。

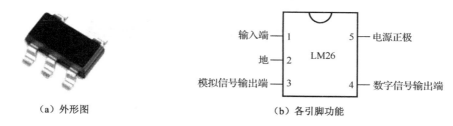

图 10-10　LM26 的外形及各引脚功能

工作温度范围宽，为 -65℃～+150℃；工作电压为 2.7～5.5V；功耗低，待机时最大工作电流为 40μA；精度高，在 -55℃～+110℃ 时精度为 ±3℃（max），在 +120℃ 时精度为 ±4℃（max）；非线性误差为 ±0.3℃。

3. 热电偶

将两种不同的金属接在一起，在升高接合点的温度时，即产生电压而使电流流动，这种现象称为泽贝克效应。这种电压称为热电动势。能产生热电动势的接合在一起的这两种金属被称为热电偶。按照组成结构，热电偶可分为热电偶测温导线、铠装热电偶及装配式热电偶。几种热电偶的外形如图 10-11 所示。

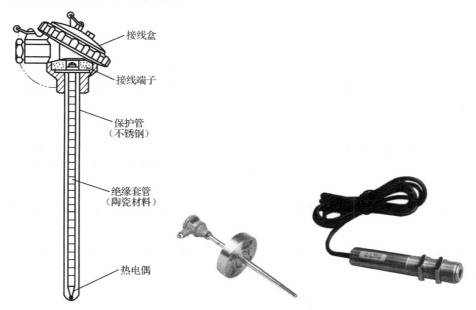

图 10-11　几种热电偶的外形

4. 双金属温度传感器

将两种热膨胀系数相差很大的金属材料按特殊工艺碾压在一起便制成双金属片，如图 10-12 所示。其中热膨胀系数大的称为主动层，热膨胀系数小的称为被动层。在常温时，两金属内部无应力，因此不发生形变；当加温时，由于两金属材料膨胀系数不一样，产生内应力，从而引起形变，使主动层向被动层一面弯曲形变，而产生弹力。

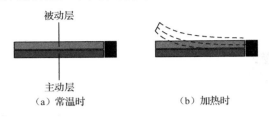

图 10-12 双金属片的结构及工作特点

双金属片根据实际的需要，经二次加工后可制作成各种形状，常见的有直条形、U 形及碟形等，如图 10-13 所示。

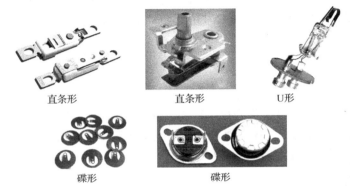

图 10-13 几种常见的双金属片

双金属片是一种热驱动电气元件，它将热量转换成机械位移量的变化，也就是说，它的动作原动力是热源。利用双金属片形状会随温度的变化而改变这一特性，其可作为温控器中的感温元件。

双金属温控器的热源有三种方式。

（1）环境传热：指双金属片周围介质（如空气）经热辐射方式传给双金属片热量。

（2）热源加热：将一个电热元件设置在金属片的周围，它所产生的热量以对流和辐射的方式传给双金属片。

（3）自身发热：让工作电流直接地或部分地流过双金属片，利用双金属片本身的电阻发热。

应用双金属片能实现温度控制，即将其控制在某一温度范围内。几种双金属温度传感器的外形如图 10-14 所示。

图 10-14 几种双金属温度传感器的外形

10.2.2 霍尔传感器识别

霍尔元件的外形及符号如图 10-15 所示，应用霍尔元件时，外加电压通常加在电极①、电极②端，便在电极③、电极④端产生电势。改变电极①、电极②端外加电压的高低，可改变电极③、电极④端产生电势的大小，电极①、电极②两端称为控制电流极，电极③、电极④两端称为霍尔电势极。

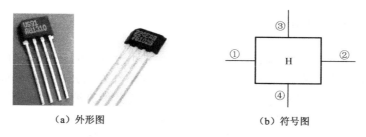

图 10-15 霍尔元件的外形及符号图

霍尔元件的型号基本由三部分组成，第一部分用拼音字母表示霍尔元件；第二部分也是用拼音字母表示制作材料；第三部分用数字表示参数区别。

例如：

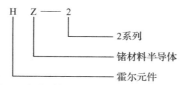

霍尔元件在工作中必须符合两个条件：必须在两个控制极上加一定电压，以产生一定的控制电流；霍尔元件的半导体薄片必须感应到磁场。只有当两个条件同时具备时，霍尔元件才能产生和输出霍尔电势。两个条件缺一不可，否则霍尔元件就无霍尔电势输出。

现在常用的霍尔传感器是利用集成电路工艺将霍尔元件和测量线路集成在一起的一种集成霍尔传感器，如图 10-16 所示。

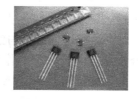

图 10-16 常用霍尔传感器的外形

集成霍尔传感器通常有三个引脚，即供电端、接地端、信号输出端，也有一些是有四个引脚的双输出互补霍尔传感器。集成霍尔传感器的输出是经过处理的霍尔输出信号。在通常情况下，当外加磁场的南极（S 极）接近霍尔传感器外壳上打有型号标记的一面时，作用到霍尔电路上的磁场方向为正，输出电压会高于无磁场时的输出电压。反之，当磁场的北极（N极）接近霍尔传感器外壳上打有型号标记的一面时，输出电压会降低。按照输出信号的形式，集成霍尔传感器可分为线性集成霍尔传感器和开关型集成霍尔传感器两种类型。霍尔传感器的电路符号如图10-17所示。

图10-17 霍尔传感器的电路符号图

10.2.3 热释电传感器识别

自然界中任何有温度的物体都会辐射红外线，只不过辐射的红外线波长不同而已。人体辐射的红外线波长主要集中在10000nm左右。根据人体红外线波长的这个特性，如果用一种探测装置能够探测到人体辐射的红外线而去除不需要的其他光波，就能达到探测人体活动信息的目的。因此，就出现了探测人体红外线的传感器。

红外线传感器是将红外辐射能量变化转换成电信号的装置，它是根据热电效应和光子效应原理制成的。运用热电效应制成的传感器称为热释电型红外传感器；运用光子效应原理制成的传感器称为量子（光子）型红外传感器。热释电型红外传感器外形及符号如图10-18所示。

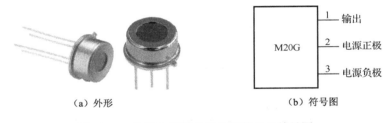

（a）外形　　　　　　　　　（b）符号图

图10-18 热释电型红外传感器外形及符号图

热释电型红外传感器的检测连线图如图10-19所示，模块接上电源时输出端初始状态为高电平，约20s后模块恢复静态，此时若有人在模块前面移动，模块能检测到并同时输出与感应信号相一致的电平，LED点亮。

热释电型红外传感器只要接收变化的红外线（照射或遮挡），就会产生（或失去）热量而有电压信号输出，所以，从理论上看它与红外线的波长没有直接的关系。但从应用角度考虑，还是应选用那些适合于测定波长的材料作为传感器窗口滤光器，这样容易确定所产生热的红外线的波长范围，因此，热释电红外传感器前一般设置菲涅尔透镜，透镜的作用是将人体辐射的红外线聚焦、集中，以提高探测灵敏度。热释电型红外传感器探头结构如图10-20所示。

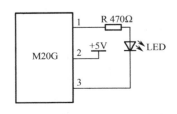  

图10-19 热释电型红外传感器的检测连线图　　　图10-20 热释电型红外传感器探头结构

10.3 传感器总结

现将传感器的相关知识总结如表 10-1 所示，以便于掌握和记忆。

表 10-1 传感器总结

1	温度传感器主要有四种类型：热敏电阻、集成温度传感器、热电偶和电阻温度检测器。集成温度传感器又包括模拟输出和数字输出两种
2	模拟输出集成温度传感器输出与温度成正比的电压或电流。常用的模拟输出集成温度传感器有 XC616A，XC616C，LX6500，LM3911，LM35，LM134，AD590 等
3	数字输出集成温度传感器通过其内部的 ADC 将传感器的模拟输出转换为数字信号。数字输出集成温度传感器最常用的是 LM26
4	将两种不同的金属接在一起，在升高接合点的温度时，即产生电压而使电流流动，这种现象称为泽贝克效应。这种电压称为热电动势。能产生热电动势的接合在一起的这两种金属被称为热电偶。按照组成结构，热电偶可分为热电偶测温导线、铠装热电偶及装配式热电偶
5	将两种热膨胀系数相差很大的金属材料按特殊工艺碾压在一起便制成双金属片。利用双金属片形状会随温度的变化而改变这一特性，便可作为温控器中的感温元件
6	霍尔元件在工作中必须符合两个条件：必须在两个控制极上加一定电压，以产生一定的控制电流；霍尔元件的半导体薄片必须感应到磁场。只有两个条件同时具备，霍尔元件才能产生和输出霍尔电势。两个条件缺一不可，否则霍尔元件就无霍尔电势输出
7	集成霍尔传感器通常有三个引脚：供电端、接地端、信号输出端，也有一些是有四个引脚的双输出互补霍尔传感器
8	红外线传感器是将红外辐射能量变化转换成电信号的装置，它是根据热电效应和光子效应原理制成。运用热电效应制成的传感器称为热释电型红外传感器；运用光子效应原理制成的传感器称为量子（光子）型红外传感器
9	热释电红外传感器前一般设置菲涅尔透镜，透镜的作用是将人体辐射的红外线聚焦、集中，以提高探测灵敏度

第11章 谐振、振荡元件的应用、识别与检测

石英晶体在电子电路中一般用于稳定振荡频率及用作晶体滤波器。陶瓷滤波器主要利用陶瓷材料压电效应实现电信号—机械振动—电信号的转化，从而取代部分电子电路中的 LC 滤波电路，使其工作更加稳定。

11.1 陶瓷谐振元件的应用

11.1.1 声表面波滤波器在彩色电视机中的应用

如图 11-1 所示是声表面波滤波器在彩色电视机的预中放电路原理图，从高频头（IF）输出的中频信号送至预中放三极管 V_{101}，经其倒相放大后由集电极经 C_{101} 耦合送至声表面波滤波器 Z_{101}，取得 38MHz 的电视信号送至超级芯片 TDA9380 的 23、24 脚。

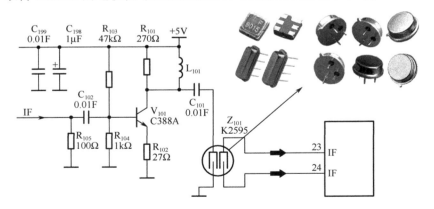

图 11-1 声表面波滤波器在彩色电视机的预中放电路原理图

11.1.2 滤波器、陷波器的应用

如图 11-2 所示是彩色电视机的视频放大级与音频放大级的部分电路。集成电路 N101 的㊷脚输出的第二伴音中频信号，经过 C_{142} 或 C_{143} 耦合到三端陶瓷滤波器 Z_{141}、Z_{142} 中，选出 5.5MHz 或 6.5MHz 第二伴音中频信号，送至混频放大电路 V_{141} 的基极。利用 V_{141} 发射结的非线性作

用，将固定频率信号与第二伴音中频信号进行混频。混频产生的各种频率，都经 V_{141} 放大后从集电极输出。利用带通滤波器 Z_{143} 选出（6.5-0.5=）6MHz（差频），或（5.5+0.5=）6MHz（和频）信号。Z_{143} 选出 6MHz 伴音中频信号送至 N101D 的第㊺脚。

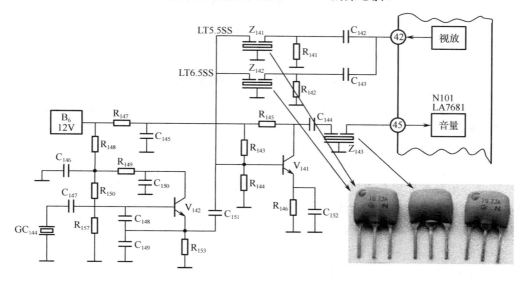

图 11-2　彩色电视机的视频放大级与音频放大级的部分电路

11.2　陶瓷谐振元件的识别

11.2.1　陶瓷谐振元件的分类

陶瓷谐振元件的分类如图 11-3 所示。

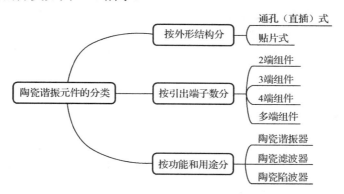

图 11-3　陶瓷谐振元件的分类

11.2.2　陶瓷谐振元件的命名方法

国产陶瓷谐振元件型号一般由五部分组成，如图 11-4 所示。

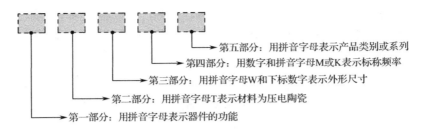

图 11-4　国产陶瓷谐振元件型号的组成

第一部分用拼音字母表示器件的功能。如 L 表示滤波器，X 表示陷波器，J 表示鉴频器，Z 表示谐振器。

第二部分用拼音字母 T 表示材料为压电陶瓷。

第三部分用拼音字母 W 和下标数字表示外形尺寸。

第四部分用数字和拼音字母 M 或 K 表示标称频率。如 465K 表示标称频率为 500kHz，10.7MHz 表示标称频率为 10.7MHz。

第五部分用拼音字母表示产品类别或系列。

11.2.3　陶瓷谐振元件的作用及识别

1. 陶瓷滤波器

陶瓷滤波器具有性能稳定、抗干扰性能良好、不需要调整、价格低等优点，取代了传统的 LC 滤波网络，广泛应用于各种电子产品中作为选频元件。陶瓷滤波器的外形及符号如图 11-5 所示。

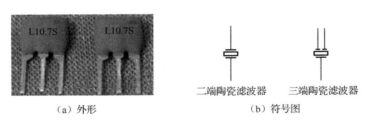

图 11-5　陶瓷滤波器的外形及符号图

2. 陶瓷陷波器

陶瓷陷波器可阻止或滤除信号中有害分量对电路的影响。陶瓷陷波器也分两端型和三端型，在电路中的文字符号及图形符号与陶瓷滤波器相同。陶瓷陷波器的外形如图 11-6 所示。

图 11-6　陶瓷陷波器的外形图

3. 声表面波滤波器

声表面波滤波器简称 SMWT 或 SAM。它是利用压电陶瓷、铌酸锂、石英等晶体材料的压电效应和声表面波传播的物理特性制成的一种换能式无源带通滤波器，可用于电视机和录像机的中频输入电路中的选频元件，取代了中频放电器的输入吸收回路和多级调谐回路。

声表面波滤波器的外形及图形符号如图 11-7 所示。

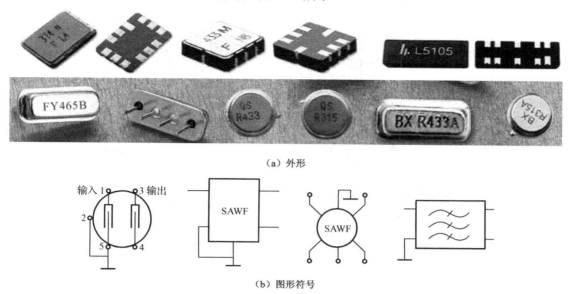

图 11-7 声表面波滤波器的外形及图形符号

11.3 振荡元件的应用

11.3.1 晶振在遥控发射器中的应用

红外遥控发射器，简称遥控器。当电视机需要遥控时，遥控器通过键盘矩阵和键盘扫描电路，得到键位编码，再将编码调制为高频信号，驱动红外发光管转换成红外线光反射出去。

图 11-8 所示为长虹 K3H 遥控器电路。它装在机外遥控手柄盒内，由键盘矩阵、集成电路 BW1030T（IC1）、红外发光二极管 VD_1、驱动管 V_1、晶振及外围元件等组成。

振荡器产生振荡信号，经分频器分频后，分别送到定时信号发生器的脉冲调制器。定时信号发生器给扫描信号发生器和指令编码器提供时钟信号。扫描信号发生器依次产生脉宽扫描脉冲信号，通过输出门对键盘矩阵电路进行扫描，再经输入门、输入编码器对按键位进行识别，产生一个二进制代码送给指令编码。然后指令编码进行码值转换，得到遥控指令码。

指令编码器输出的功能指令码送到脉冲调制器，调制在一定的载波上。调制后的信号经缓冲器放大后，送至外接驱动器再次放大，最后送至红外发光二极管，转换为红外光信号发射出去。

11.3.2 晶振在单片机中的应用

如图 11-9 所示是 51 型单片机控制一个发光二极管的电路图，AT89S51 的第 18、19 脚是单片机外接振荡器和外部时钟信号的输入端。这里的 Y1 采用 12MHz 晶振，C_1、C_2 是平衡电容，可起到快速启振的作用。

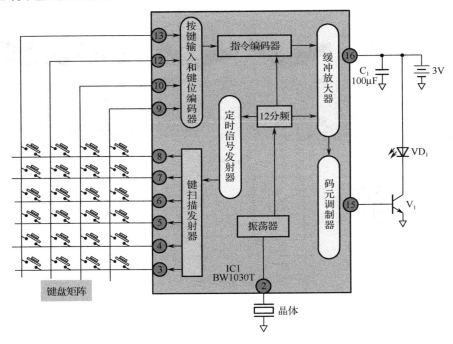

图 11-8　长虹 K3H 遥控器电路图

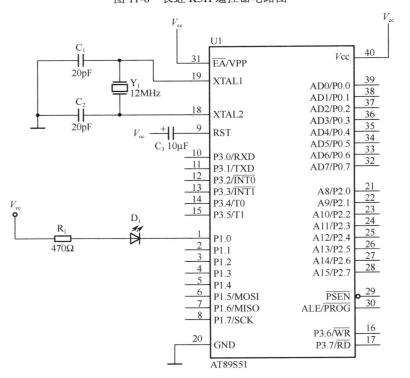

图 11-9　晶振在单片机中的应用

11.4 振荡元件的识别

11.4.1 晶振的分类

石英晶体振荡器的分类如图 11-10 所示。

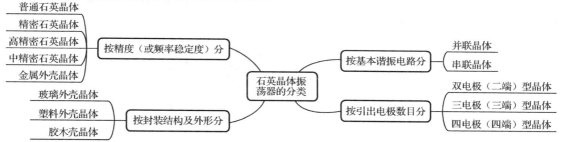

图 11-10 石英晶体振荡器的分类

11.4.2 晶振的命名方法

国产石英晶体振荡器的命名由三部分组成，其各部分组成如图 11-11 所示，各部分含义见表 11-1。

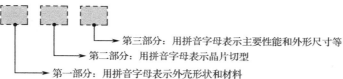

图 11-11 石英晶振命名的组成

表 11-1 国产石英晶体振荡器各组成部分的含义

第一部分：外壳形状及材料		第二部分：石英片切型		第三部分：主要性能及外形尺寸
字母	含义	字母	含义	
B	玻璃壳	A	AT 切型	用字母表示晶振的主要性能及外形尺寸
		B	BT 切型	
		C	CT 切型	
		D	DT 切型	
S	塑料壳	E	ET 切型	
		F	FT 切型	
		H	HT 切型	
		M	MT 切型	
J	金属壳	N	NT 切型	
		U	音叉弯曲振动型 WX 切型	
		X	伸缩振动 X 切型	
		Y	Y 切型	

例如，JA5 为金属壳 AT 切型晶振元件；BA3 为玻璃壳 AT 切型晶振元件。

11.4.3　晶振的识别

石英晶体振荡器简称石英晶体，俗称晶振，它是利用具有压电效应的石英晶体片制成的。晶振可以用来稳定频率和选择频率，取代 LC（线圈和电容）谐振回路、滤波器等。晶振的外形及符号图如图 11-12 所示。

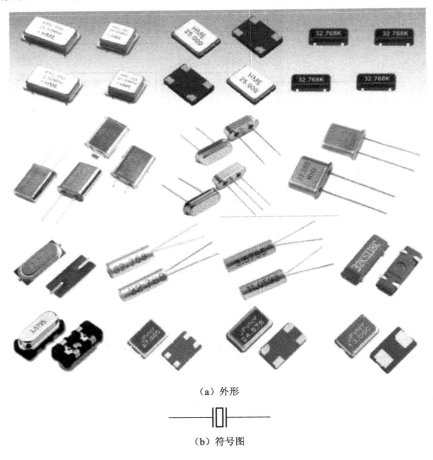

（a）外形

（b）符号图

图 11-12　晶振的外形及符号图

11.5　谐振、振荡元件的检测

11.5.1　现场操作 21——陶瓷谐振元件的检测

将指针式万用表置于 R×10kΩ 挡，用红、黑表笔分别测二端或三端陶瓷滤波器任意两引脚，两引脚之间的正、反向电阻均应为"∞"，若测得阻值较小或为"0Ω"，可判定该陶瓷滤波器已损坏；需说明的是，测得正、反向电阻均为"∞"，并不能完全确定该陶瓷滤波器完好，一般条件下可用代换法试验。陶瓷谐振元件的检测示意图如图 11-13 所示。

11.5.2 现场操作 22——振荡元件的检测

用万用表 R×10kΩ 挡测量石英晶体振荡器的正、反向电阻值，正常时均应为"∞"（无穷大）。若测得石英晶体振荡器有一定的阻值或为"0Ω"，则说明该石英晶体振荡器已漏电或击穿损坏。但反过来则不能成立，即若用万用表测得阻值为无穷大，则不能完全判断石英晶体良好；此时，可改用另一种方法进一步判断。晶振的检测示意图如图 11-14 所示。

图 11-13　陶瓷谐振元件的检测示意图

图 11-14　晶振的检测示意图

还有一种最简单的方法可粗略判断石英晶体的好坏，如图 11-15 所示。将一只试电笔刀头插入市电的火线孔内，用手指捏住石英晶体的一脚，用另一脚接触测试电笔的顶端。如果氖泡发红，一般说明石英晶体是好的；如果氖管不亮，说明晶体已经坏掉。

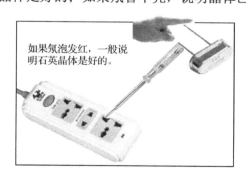

图 11-15　粗略判断石英晶体的好坏

11.6　谐振、振荡元件总结

现将谐振、振荡元件的性能总结如表 11-2 所示，以便于掌握和记忆。

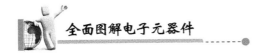

表 11-2 谐振、振荡元件总结

1	陶瓷滤波器广泛应用于各种电子产品中作选频元件
2	陶瓷陷波器可阻止或滤除信号中有害分量对电路的影响
3	声表面波滤波器可用于中频输入电路中作选频元件，取代了中频放电器的输入吸收回路和多级调谐回路
4	石英晶体振荡器简称石英晶体，俗称晶振，它是利用具有压电效应的石英晶体片制成的。晶振可以用来稳定频率和选择频率，取代 LC（线圈和电容）谐振回路、滤波器等

第12章

电声器件的应用、识别与检测

电声器件是指能将声音信号转换为音频信号,或者能将音频信号转换为声音信号的器件。电声器件在影音、音视频产品中的应用十分广泛,尤其对音频设备来说,电声器件是非常重要的组成部分。电声器件主要有扬声器、蜂鸣器、压电陶瓷片及传声器等。

12.1 电声器件的应用

12.1.1 话筒的应用

某手机话筒电路如图 12-1 所示。话筒供电(+2V)是从电源 IC N2200 的 H 脚输出,经滤波电容 C_{2103}、压敏保护元件 R_{2118}、电感 L_{2125} 和 L_{2121} 后,送至话筒的正极,给话筒供电(此话筒负极接地)。当话筒得到供电电压后,如拨打电话,说话声音可以通过电感 L_{2121}、L_{2122}、L_{2125}、L_{2126},从电源 IC N2200 的 H 脚输入,在电源 IC 内部进行音频处理。

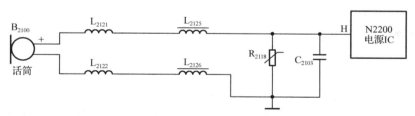

图 12-1 某手机话筒电路图

12.1.2 扬声器的应用

立体声音响功放的电路原理如图 12-2 所示。该电路主要由电源、集成电路和输入电路等组成。电源电路主要由变压器、整流器和指示灯等组成。接通电源,按下电源双刀开关 S,市电经保险 FU 加至降压变压器 T 的初级,次级的交流双 12V 电压经全波整流二极管 VD_1、VD_2 整流,电容 C_1 滤波,得到+12V 左右的直流电压,送至 IC 的 16 脚,作为整机的能源供给,同时指示灯 LED 点亮(R_1 为限流电阻)。

输入电路主要由电位器 W_{11}、W_{12}、W_{21} 及 W_{22} 等组成。其中,W_{11}、W_{21} 为左右声道的音量控制,W_{12}、电容 C_{12} 及 W_{22}、电容 C_{22} 组成音调网络,W_{12}、W_{22} 为音调控制。

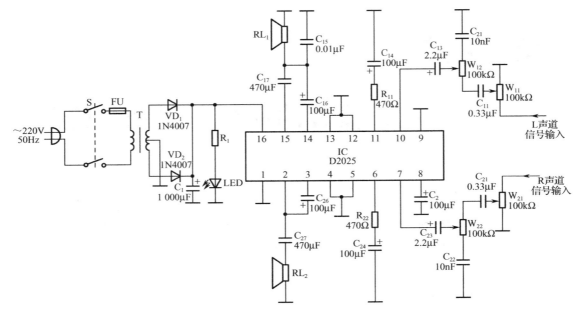

图 12-2 立体声音响功放的电路原理图

集成电路 D2025 及外围元件等组成功率放大电路。由于这部分电路完全对称,因此,下面以左声道(L)为例,分析其工作原理。从电脑声卡或 DVD、VCD 等播放机输入的音频信号,经音量电位器 W_{11} 调节、电容 C_{11} 耦合,再通过音调 W_{12} 调节、电容 C_{13} 耦合至 IC 的 10 脚。信号经过集成电路内部放大后,经中点(耦合)电容 C_4 驱动扬声器发声。电路中,电容 C_{16} 为自举升压;电阻 R_{11}、电容 C_{14} 为负反馈网络,起改善音质、稳定电路的作用;电容 C_2 起退耦滤波的作用。

12.1.3 磁头的应用

1. 录音磁头的应用

图 12-3(a)是录音磁头工作原理简图。在讲话时,声音信号通过话筒转化为音频信号,再经录音机电路放大形成音频电流,加到磁头线圈上。磁头缝隙两边产生磁极,缝隙中便形成磁场。

工作时磁带擦着磁头缝隙朝某一方向运动,如图 12-3(b)所示。磁头磁场使磁带磁粉磁化,如图 12-3(c)所示。当磁粉靠近磁场时,与磁头 N 极靠近的磁粉被磁化为 S 极,与 S 极靠近的磁粉被磁化为 N 极,从而形成 N 极区和 S 极区。由于磁带与磁头做相对运动,音频电流在随时变化,所以磁带上记录的磁性区也随着变化,从而形成图 12-3(d)中磁带记录的磁性区和信息。

2. 放音磁头的应用

一盒已录音的磁带上面的磁粉已经按音频电流的变化规律被磁化了,磁带上便形成了间断的 N、S 磁极区,即磁信息,如图 12-4(a)所示。

放音时,磁带擦着磁头缝隙运动,磁带上 N、S 磁极区就经过磁头缝隙,反过来对磁头铁芯进行磁化,使没有磁性的铁芯产生感应磁场,形成穿过线圈的磁力线,线圈两端便产生感应电压（信号），如图 12-4（b）所示。信号通过两条引线送至录音机电路放大并加到扬声器上，就能将此信息还原为声音，如图 12-4（c）所示。

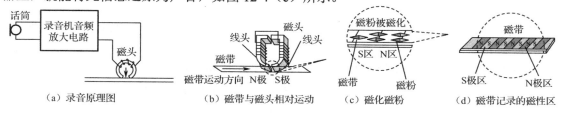

图 12-3　录音磁头工作原理简图

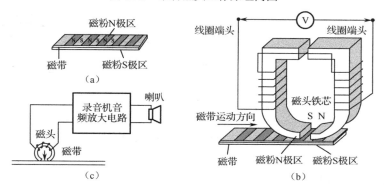

图 12-4　放音磁头工作原理简图

3. 抹音磁头的应用

抹音就是通过抹音磁头将录在磁带上的信息消除。抹音方式通常有直流抹音和交流抹音两种。

如果给抹音磁头线圈通入强大的直流电流，磁头缝隙便产生恒定不变的直流强磁场，当磁带挨着缝隙走过时，直流强磁场就将磁带上随音频信号变化的磁性重新磁化为一致，并达到磁饱和。录音内容被抹掉。直流抹音磁头如图 12-5（a）所示。

根据这一原理，有的录音机就用一个永久磁铁做抹音磁头，同样能使磁带上磁粉的磁性变为一致且达到饱和，从而抹掉原来的录音，如图 12-5（b）所示。

交流抹音是给交流抹音磁头通一交变电流（超音频电流），磁头缝隙间就产生较强的交流磁场，交流抹音磁头如图 12-5（c）所示。

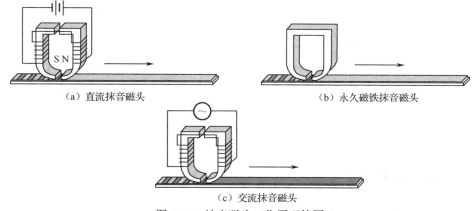

图 12-5　抹音磁头工作原理简图

12.1.4 蜂鸣器的应用

蜂鸣器驱动电路有两种形式：一种为单片机或其他功放电路直接驱动式，另一种为带一级放大电路的驱动式。

单片机蜂鸣器直接驱动式电路原理如图 12-6（a）所示，单片机 IC_2 的 16 脚输出的报警信号，经 R_1 后直接加至蜂鸣器上；采用带一级放大电路的驱动式电路原理图如图 12-6（b）所示，单片机 U_1 的 14 脚输出的报警信号，经 Q_{21} 一级放大后加至蜂鸣器，实现报警。

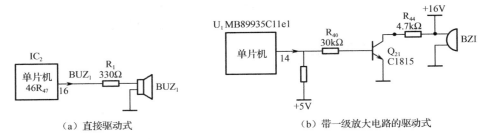

图 12-6 蜂鸣器驱动电路原理图

12.2 话筒的识别

12.2.1 话筒的分类

话筒的分类如图 12-7 所示。

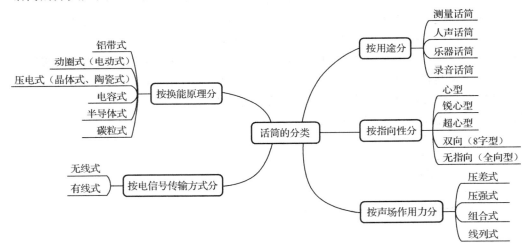

图 12-7 话筒的分类

12.2.2 话筒的命名方法

国产话筒的命名组成如图 12-8 所示，各组成部分的含义见表 12-1。

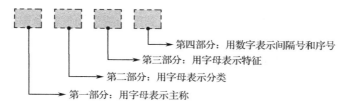

图 12-8 国产话筒的命名组成

表 12-1 国产话筒命名组成部分的含义

第一部分		第二部分		第三部分	
主称	字母	分类	字母	特征	字母
传声器	C	电动	D	手持	C
送话器	O	电容	R	头戴	D
受话器	S	压电	Y	立体声	L
两用换能器	H	驻极体	Z	抗干扰	K
		炭粒	T	驻极体	Z

12.2.3 话筒的识别方法

话筒学名叫传声器，又叫麦克、微音器，是一种能够将声音信号转换为电信号的声–电转换器件。在电路原理图中，话筒常用字母"B"或"BM"表示，电路符号如图 12-9 所示。

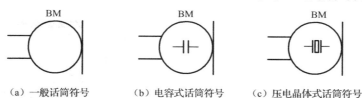

（a）一般话筒符号　　（b）电容式话筒符号　　（c）压电晶体式话筒符号

图 12-9 话筒的电路符号

1. 动圈式话筒

动圈式话筒又叫电动式话筒，是利用电磁感应现象制成的，当声波使其中的金属膜片振动时，连接在膜片上的线圈（叫作音圈）随着一起振动，音圈在永久磁铁的磁场里振动（做切割磁感线运动），其中就产生感应电流（电信号），感应电流的大小和方向都在变化，变化的振幅和频率由声波决定，这个电流信号经扩音器放大后传给扬声器，从扬声器中就发出放大的声音。动圈式话筒的外形如图 12-10 所示。

2. 电容式话筒

电容式话筒是利用电容大小的变化，将声音信号转化为电信号，也叫驻极体话筒。这种话筒最为普遍，常见的录音机内置话筒就这种。因为它便宜、体积小巧，而且效果也不差，有时也叫咪头。电容式话筒有两块金属极板，其中一块表面涂有驻极体薄膜（多数为聚全氟乙丙烯），将其接地，另一极板接在场效应晶体管的栅极上，栅极与源极之间接有一个二极管，如图 12-11（a）所示。当驻极体膜片本身带有电荷，表面电荷地电量为 Q，极板间地电

容量为 C，则在极头上产生地电压 $U=Q/C$，当受到振动或受到气流摩擦时，由于振动使两极板间的距离改变，即电容 C 改变，而电量 Q 不变，就会引起电压的变化，电压变化的大小，反映了外界声压的强弱，这种电压变化频率反映了外界声音的频率，这就是驻极体传声器地工作原理。电容式话筒外形如图 12-11（b）所示。

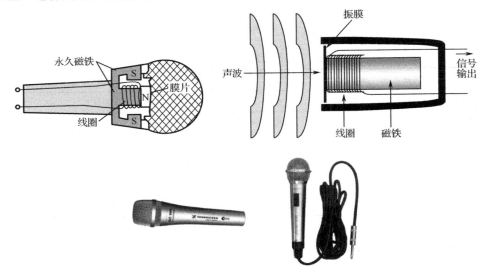

图 12-10　动圈式话筒结构及外形图

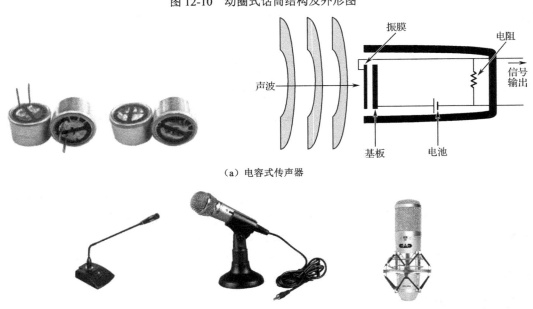

（a）电容式传声器

（b）电容式话筒外形

图 12-11　电容式话筒结构及外形图

3. 压电式话筒

压电式话筒其特征在于：具有下盖与上盖，两盖结合后内部产生容置空间，容置空间由下盖的一延伸部引入信号线穿过基板后，接至电路板，电路板的另一侧接有一个陶瓷压电片，陶瓷压电片与上盖的内面固定部之间夹设有高密度发泡体，经由盖面与喉部皮肤接触所产生的音波经发泡体传至陶瓷压电片直接转换成信号输出。压电式话筒外形如图 12-12 所示。

4. 碳粒式话筒

碳粒式话筒，有时称为纽扣式话筒，它由两片分开的金属薄片及其之间的碳粒组成。碳粒式话筒外形如图 12-13 所示。

图 12-12　压电式话筒外形图

图 12-13　碳粒式话筒外形图

12.3　扬声器的识别

12.3.1　扬声器的分类

扬声器的分类如图 12-14 所示。

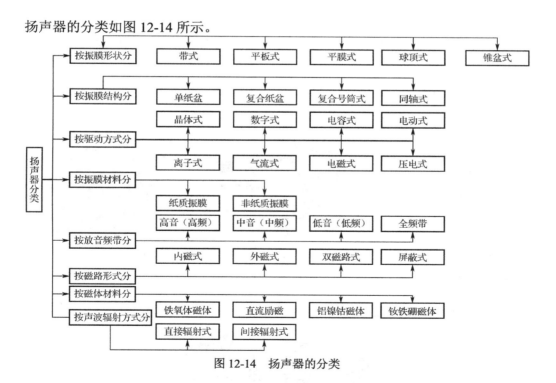

图 12-14　扬声器的分类

12.3.2　扬声器的命名方法

国产扬声器的命名由三部分组成，各部分的组成如图 12-15 所示，各组成部分的含义见表 12-2。

图 12-15 国产扬声器的命名组成

表 12-2 国产扬声器各组成部分的含义

主体			分类			特征		
名称	简称	字母	名称	简称	字母	名称	简称	字母
扬声器	扬	Y	电磁式	磁	C	号筒式	号	H
			电动式（动圈式）	动	D	椭圆式	椭	T
音柱	扬柱	YZ	压电式	压	Y	球顶式	球	Q
			静电式、电容式	容	R	薄形	薄	B
扬声器系统	扬系	YX	驻极体式	驻	Z	高频	高	G
			等电动式	等	E	立体声	立	L
扬声器音箱	扬箱	YA	气流式	气	Q	中音	中	Z

12.3.3 扬声器的识别方法

扬声器在电路原理图中常用文字符号"B"或"BL"表示，它的电路符号如图 12-16 所示。

1. 电动式扬声器

电动式扬声器外形如图 12-17 所示。

图 12-16 扬声器的电路符号　　　图 12-17 电动式扬声器外形

2. 静电式扬声器

静电式扬声器外形如图 12-18 所示。

图 12-18 静电式扬声器外形

12.3.4 扬声器的主要性能指标

1. 额定功率

扬声器的功率有标称功率和最大功率之分。标称功率是指额定功率、不失真功率，它是扬声器在额定不失真范围内允许的最大输入功率，在扬声器的商标、技术说明书上标注的功率即为标称功率值。最大功率是指扬声器在某一瞬间所能承受的峰值功率。为保证扬声器工作的可靠性，要求扬声器的最大功率为标称功率的2～3倍。

2. 额定阻抗

扬声器的阻抗一般与频率有关。额定阻抗是指当音频为400Hz时，从扬声器输入端测得的阻抗。额定阻抗一般是音圈直流电阻的1.2～1.5倍。一般动圈式扬声器常见的额定阻抗有4Ω、8Ω、16Ω、32Ω等。

3. 频率响应

给一只扬声器加上相同电压而不同频率的音频信号时，其产生的声压将会产生变化。一般中音频时产生的声压较大，而低音频和高音频时产生的声压较小。当声压下降为中音频的某一数值时，其高、低音频率范围称为该扬声器的频率响应特性。

理想的扬声器频率特性应为20Hz～20kHz，这样就可把全部音频均匀地重放出来，然而这是做不到的，每一只扬声器只能较好地重放音频的某一部分。

4. 灵敏度

灵敏度是衡量扬声器重放音频信号的细节指标。扬声器的灵敏度通常是指输入功率为1W的噪声电压时，在扬声器轴向正面1m处所测得的声压大小，故灵敏度又称声压级。灵敏度越高，则扬声器对音频信号中细节作出的响应越好。灵敏度反映了扬声器电、声转换效率的高低。

12.4 耳机的识别

12.4.1 耳机的分类

耳机的分类如图12-19所示。

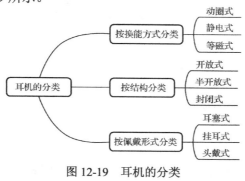

图12-19 耳机的分类

12.4.2 耳机的命名方法

国产耳机的命名由三部分组成,各部分的组成如图12-20所示,各部分组成的含义见表12-3。

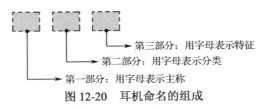

图12-20 耳机命名的组成

表12-3 国产耳机命名的组成含义

第一部分		第二部分		第三部分	
主称	符号	分类	符号	特征	特征
E	耳机	D	动圈	L	立体声
		C	电磁	S	耳塞
		E	等电动式	I	气导
		P	平膜音圈	J	接触
		Z	驻极体	G	耳机
		Y	压电式	Z	听诊器
				D	头戴式
				C	手持式

12.4.3 耳机的识别方法

耳机和扬声器一样都是把电信号转换成声音的换能元件。在电路原理图中耳机的文字符号是"B"或"BE",电路符号如图12-21(a)所示,几种耳机的外形如图12-21(b)所示。

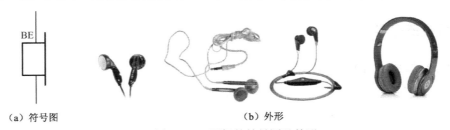

图12-21 耳机的符号图及外形

12.4.4 耳机的主要性能指标

1. 额定阻抗

耳机的额定阻抗是其交流阻抗的简称,它的大小是线圈直流电阻与线圈的感抗之和。

民用耳机和专业耳机的阻抗一般都在 100Ω以下，有些专业耳机的阻抗在 200Ω以上，这是为了在一台功放推动多只耳机时减小功放的负荷。驱动阻抗高的耳机需要的功率更大。

常见耳机的额定阻抗有 4Ω、5Ω、6Ω、8Ω、16Ω、20Ω、25Ω、32Ω、35Ω、37Ω、40Ω、50Ω、55Ω、125Ω、150Ω、200Ω、250Ω、300Ω、600Ω、640Ω、1kΩ、1.5kΩ和 2kΩ等多种规格。

2. 灵敏度

平时所说的耳机灵敏度实际上是耳机的灵敏度级，它是在耳机上施加 1mW 的电功率时，耳机所产生的耦合于仿真耳（假人头）中的声压级，1mW 的功率是以频率为 1 000Hz 时耳机的标准阻抗为依据计算的。灵敏度的单位是 dB/mW，另一个不常用的单位是 dB/Vrms，即当 1Vrms 电压施于耳机上时，耳机所产生的声压级。灵敏度高意味着达到一定的声压级所需功率小，现在动圈式耳机的灵敏度一般都在 90dB/mW 以上，如果是为随身听选耳机，灵敏度最好在 100dB/mW 左右或更高。

3. 失真

耳机的失真一般很小，在最大承受功率时其总谐波失真（THD）小于等于 1%，基本是不可闻的，这较扬声器的失真要小得多。

4. 频率响应

灵敏度在不同的频率下有不同的数值，这就是频率响应，将灵敏度对频率的依赖关系用曲线表示出来，便称为频率响应曲线。

人的听觉范围是 20～20000Hz，超出这个范围的声音绝大多数人是听不到的，耳机能够重放的频带是相当宽的，优秀的耳机已经达到 5～40000Hz。

12.5 磁头的识别

12.5.1 磁头的分类

磁头的分类如图 12-22 所示。

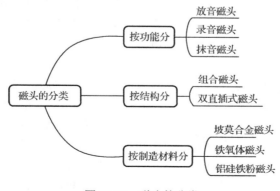

图 12-22　磁头的分类

12.5.2 磁头的识别方法

磁头的外形及符号如图 12-23 所示。

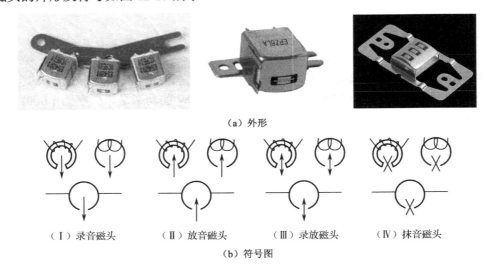

图 12-23 磁头的外形及符号图

磁头的图形符号突出了三点，磁芯、线圈和磁信息的处理状态。磁芯常画成一个未封闭的圆，线圈以电感图形表示，磁信息处理用特定符号表示。

磁信息处理用"↓""↑""↕""×"符号表示。箭头指向磁头外（↓），表示录音磁头。箭头指向磁头内（↑），表示放音磁头。磁头上为双方向箭头（↕）。表示录放音磁头。符号（×）表示抹音磁头。

12.6 现场操作——万用表检测电声器件

现场操作23——万用表检测扬声器

图 12-24 扬声器直流电阻测量示意图

测量直流电阻：用 R×1Ω 挡测量扬声器两引脚之间的直流电阻，正常时应比铭牌扬声器阻抗略小。设扬声器直流电阻为 R_0，则其阻抗为 $1.25\,R_0$。例如，8Ω 的扬声器测量的电阻正常为 7Ω 左右。测量阻值为无穷大，或远大于它的标称阻抗值，说明扬声器已经损坏。扬声器直流电阻测量如图 12-24 所示。

听"喀喇喀喇"响声：测量直流电阻时，将一只表笔固定，另一只表笔断续接触引脚，应该能听到扬声器发出"喀喇喀喇"响声，响声越大越好，无此响声说明扬声器音圈被卡死或音圈损坏。

现场操作 24——万用表检测蜂鸣器

用万用表的 R×1Ω 挡检测蜂鸣器的阻值时,正常的蜂鸣器就会发出轻微"咯咯"的声音,并在表头上显示出直流电阻值(通常为 16Ω 左右);若无"咯咯"响声且电阻值为无穷大,则表明蜂鸣器开路损坏。自激式(DC)蜂鸣器可以通过加直流电来判断其好坏,加直流电后若产生蜂鸣,表明蜂鸣器是好的,否则为损坏;他激式(AC)蜂鸣器可以通过加方波信号判断好坏。

现场操作 25——万用表检测驻极体话筒

驻极体电容式话筒的检测方法:首先检查引脚有无断线情况,然后检测驻极体电容式话筒。

驻极体话筒由声电转换系统和场效应管两部分组成。它的电路接法有两种:源极输出和漏极输出。源极输出有三根引出线,漏极 D 接电源正极,源极 S 经电阻接地,再经电容作信号输出;漏极输出有两根引出线,漏极 D 经电阻接至电源正极,再经电容作信号输出,源极 S 直接接地,如图 12-25 所示。所以,在使用驻极体话筒之前首先要对其进行极性的判别。

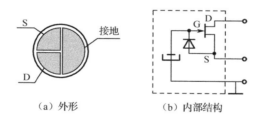

图 12-25 驻极体话筒结构

在场效应管的栅极与源极之间接有一只二极管,因而可利用二极管的正反向电阻特性来判别驻极体话筒的漏极 D 和源极 S。

将指针万用表置于 R×1kΩ 挡,黑表笔接任一极,红表笔接另一极。再对调两表笔,比较两次测量结果,阻值较小时,黑表笔接的是源极,红表笔接的是漏极。

将指针式万用表置于 R×1kΩ 挡,黑表笔接 D,红表笔接 S,正常情况下,阻值应为 1kΩ 左右。此时对准话筒吹气,万用表的读数在 500Ω～3kΩ 范围内摆动,则说明话筒正常。表针摆动幅度越大,则其灵敏度越高,若只有微微摆动,则表明灵敏度低。对于表针只有微微摆动或根本不摆动的话筒,则不能继续使用。

12.7 电声器件总结

现将电声器件的相关性能及参数总结如表 12-4 所示,以便于掌握和记忆。

表 12-4 电声器件总结

1	电声器件主要有扬声器、蜂鸣器、压电陶瓷片以及传声器等
2	抹音就是通过抹音磁头将录在磁带上的信息消除掉。抹音方式通常有直流抹音和交流抹音两种
3	话筒学名叫传声器,又叫麦克、微音器,是一种能够将声音信号转换为电信号的声-电转换器件
4	话筒主要有动圈式、电容式、压电式和碳粒式话筒等
5	扬声器的主要性能指标有额定功率、额定阻抗、频率响应和灵敏度等
6	耳机的主要性能指标有额定阻抗、灵敏度、失真和频率响应等
7	磁头通常有四种:录音磁头、放音磁头、抹音磁头和录放磁头

第13章 LED的应用、识别与检测

LED显示屏是一种通过控制发光二极管的显示方式，用来显示文字、图形、图像、动画、视频、录像信号等各种信息的显示屏幕。通过发光二极管芯片的适当连接（包括串联和并联）和适当的光学结构可构成发光显示器的发光段或发光点。由这些发光段或发光点可以组成数码管、符号管、米字管、矩阵管、电平显示器管等。通常把数码管、符号管、米字管共称笔画显示器，而把笔画显示器和矩阵管统称为字符显示器。LED显示器件一般常用的有数码管和点阵两类。

13.1 LED驱动电路

LED显示有多种电路形式。

13.1.1 LED显示直接驱动式

LED显示直接驱动式电路如图13-1所示。当单片机的4脚、5脚为低电平时，LED_1、LED_2分别点亮。

13.1.2 LED显示一级放大驱动式

LED显示一级放大驱动式电路如图13-2所示。当单片机3脚输出高电平时，驱动管VT_5导通，LED_5点亮。

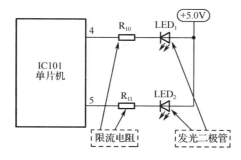

图13-1 LED直接驱动式电路

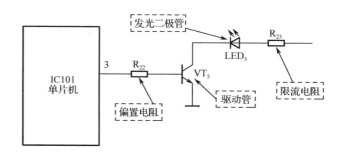

图13-2 LED显示一级放大驱动式电路

13.1.3 简单阻容降压 LED 驱动电路

简单阻容降压 LED 驱动电路如图 13-3 所示。电容 C_1 起降压、限流作用；电阻 R_1 为泄放电阻，其作用为：当正弦波在最大峰值时被切断，电容 C_1 上的残存电荷无法释放，会永久存在，在维修时如果人体接触到 C_1 的金属部分，有触电的危险，而 R_1 的存在，能将残存的电荷泄放掉，从而保证人机安全。$VD_1 \sim VD_4$ 起整流作用。C_2、C_3 是滤波电容。压敏电阻 R_U 的作用是将输入电源中瞬间的脉冲高压电压对地泄放掉，从而保证 LED 不被瞬间高压击穿。LED 串联的数量视其正向导通电压而定，在 AC220V 电路中，最多可以达到 80 个左右。

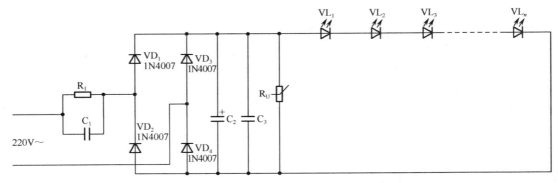

图 13-3　简单阻容降压 LED 驱动电路

13.1.4 简单 LED 驱动电路的拓扑结构

简单 LED 驱动电路的拓扑结构如图 13-4 所示。这种 LED 驱动电路主要由电源隔离变压器、AC/DC 整流桥和限流电阻组成。其中，变压器起到隔离和降压的作用；而限流电阻的作用主要是控制流过 LED 的电流。

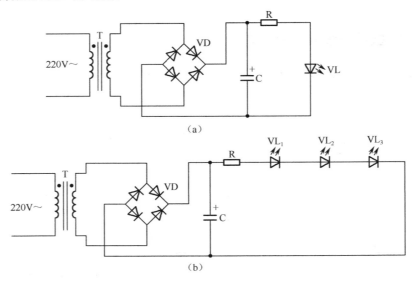

图 13-4　简单 LED 驱动电路的拓扑结构

在实际应用中,驱动器负载常采用由串联、并联构成的 LED 阵列。

13.2　LED 应用电路

13.2.1　电源指示灯

如图 13-5 所示是电压指示灯电路,当开关闭合后,LED 点亮,表明电源已正常给负载 R_L 供电,图中的 R_1 为限流电阻。

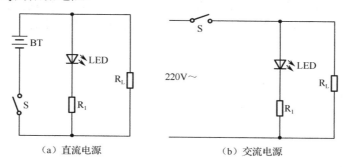

图 13-5　电压指示灯电路

13.2.2　灯光控制——标牌装饰灯应用电路

如图 13-6 所示是采用分立元件制作的光控 LED 标牌装饰灯电路,它在白天不工作,在晚上能自动点亮。该电路主要由电源电路、光控电路和 LED 显示电路组成。

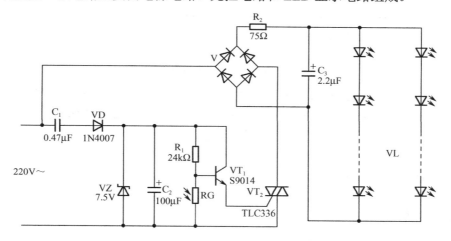

图 13-6　标牌装饰灯应用电路

在电路中,电源电路由降压电容 C_1、整流二极管 VD、稳压二极管 VZ 和滤波电容 C_2 组成;光控电路由光敏电阻 RG、电阻 R_1、晶体管 VT_1 和晶闸管 VT_2 组成;LED 显示电路有整流桥 V、电阻 R_2、电容 C_3 和发光二极管串 VL(由数百只发光二极管串联、并联而成)组成。

交流 220V 电压一路经 C_1 降压、VD 整流、VZ 稳压及 C_2 滤波后,产生+7.5V 电压,作为光控电路的工作电源；另一路经 V 整流、R_2 限流降压及 C_3 滤波后，驱动 VL 发光。

在白天，光敏电阻 RG 受光照射而呈低阻状态，三极管因基极为低电平而处于截止状态，其发射极无触发电压输出，晶闸管不导通，C_3 两端无电压，VL 不发光。夜晚时，RG 阻值变大，三极管获得工作电压而导通，其发射极输出的触发电压使晶闸管导通，发光二极管串 VL 点亮。

13.2.3 电平指示器电路

如图 13-7 是电平指示器电路，该电路既可以接在音频功放电路的输出端，作为功放输出电平指示，也可以接在音频前置放大电路之后（音量电位器之前），作为放音或录音电平指示。

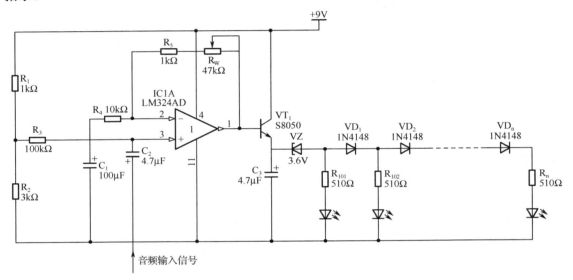

图 13-7 电平指示器电路

该电路由可调增益放大器和 LED 驱动电路组成。来自功率放大器或前置放大器的音频输入信号经 C_2 耦合送至 IC 的第 3 脚，经 IC 内部放大后，从其 1 脚输出加至三极管 VT_1 的基极；从三极管发射极输出信号电压，将 LED 逐级点亮。

13.2.4 数码管的应用

1. LED 数码管

在一些中高档电子产品机型中，往往需要显示数字量值，常采用七（八）段发光二极管构成的 LED 数码显示器。LED 数码管外形及结构如图 13-8 所示。

8 段 LED 显示块的 8 段发光管分别称为 a、b、c、d、e、f、g 和 dp，如图 13-8（b）所示。通过 8 个发光段的不同组合，可以显示 0～9 和 A～F 16 个数字字母，从而实现整数和小数的显示。

第13章　LED的应用、识别与检测

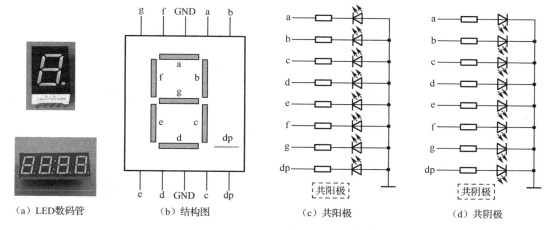

图13-8　LED数码管外形及结构图

LED显示块可以分为共阴极和共阳极两种结构，如图13-8（c）、（d）所示。所有的发光二极管的阴极接在一块，称为共阴极结构，此时数码显示段输入高电平有效，当某段接通高电平时该段便发光。

所有的发光二极管的阳极接在一块，称为共阳极结构，此时数码显示段输入低电平有效，当某段接通低电平时该段便发光。

要显示某字形就使与此字形相应段的二极管点亮，实际上就是用一个由不同电平组合代表的数据字来控制LED的显示，如显示数字"3"，如图13-9所示。在8段LED与单片机接口时，将一个8位并行口与显示块的8个段对应相连，8位并行口输出不同的段字节数据，便可以驱动LED显示块的不同段发光，从而显示不同的数字。当段a、b、g、c、d输入高电平，而其他段输入低电平时，则显示数字"3"。

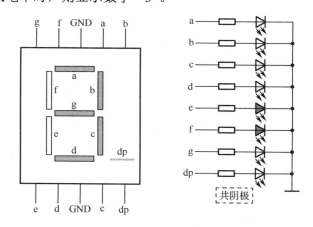

图13-9　LED显示数字"3"

2．译码器

通常将控制发光二极管发光的8位字节数据编码（数字电路）称为LED显示的段选码，单片机输出的是段选码，因此，要通过译码器来进行译码处理，移位寄存器型号较多，例如SN74HC164N。SN74HC164N移位寄存器的引脚功能见表13-1。SN74HC164N移位寄存器的外形结构如图 13-10 所示。

表 13-1　SN74HC164N 芯片各引脚作用及外形

引　脚	主　要　作　用	引　脚	主　要　作　用
1	串行输入 A	8	时钟振荡输入端
2	串行输入 B	9	复位清零输入端
3	输出 Q0	10	输出 Q4
4	输出 Q1	11	输出 Q5
5	输出 Q2	12	输出 Q6
6	输出 Q3	13	输出 Q7
7	地	14	正电源

（a）直插式

（b）贴片式

图 13-10　SN74HC164N 移位寄存器的外形结构

以某机型电冰箱为例，LED 数码管移位寄存器驱动式电路原理如图 13-11 所示。单片机的 9 脚输出串行信号至移位寄存器（IC_1）的 1、2 脚，单片机的 8 脚时钟振荡送至 IC_1 的 8 脚，移位寄存器得到串行输入信号后，经内部译码从 3、4、5、6、10、11、12、13 脚输出 8 段码信号至显示屏，此时单片机的 6、12、22、7 脚输出位驱动信号，经 VT_5、VT_3、VT_4 和 VT_2 放大也加至显示屏，从而使显示屏发光点亮。

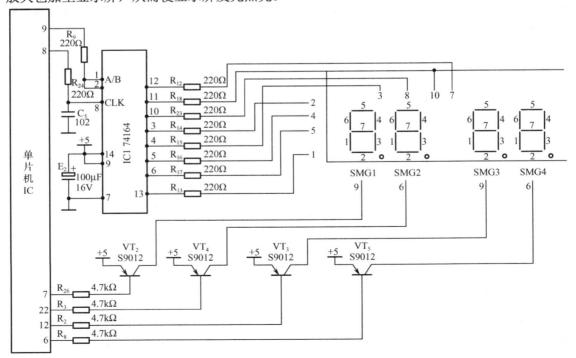

图 13-11　电冰箱中 LED 数码管移位寄存器驱动式电路原理

13.3 数码管的识别

13.3.1 数码管的分类

数码管的分类如图 13-12 所示。

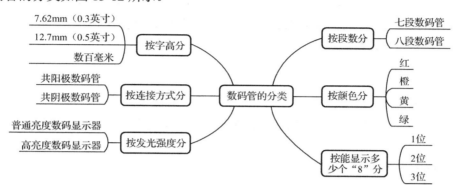

图 13-12 数码管的分类

平面发光器件是由多个 LED 芯片组合而成的结构型器件。通过 LED 芯片的适当连接（包括串联和并联）和合适的光学结构，可构成发光显示器的发光段、数码管、符号管、米字管、矩阵管、光柱等。如图 13-13 所示是平面发光器件的各种类型。

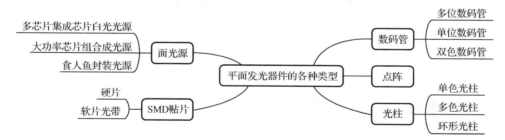

图 13-13 平面发光器件的各种类型

13.3.2 数码管的命名方法

国产 LED 数码管的型号命名由四部分组成，如图 13-14 所示，各部分的含义见表 13-2。

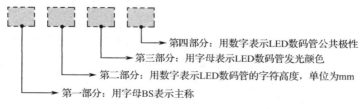

图 13-14 国产 LED 数码管的型号命名组成

表 13-2　国产数码管型号命名及含义

第一部分：主称		第二部分：字符高度	第三部分：发光颜色		第四部分：公共极性	
字母	含义	用数字表示数码管的字符高度，单位是mm	字母	含义	数字	含义
BS	半导体发光数码管		R	红	1	共阳极
			G	绿	2	共阴极
			OR	橙红		

例如，BS12.7R1（字符高度为 12.7mm 的红色共阳极数码管）；

BS——半导体发光数码管；

12.7——12.7mm；

R——红色；

1——共阳极。

实际使用时注意，各公司生产的数码管命名方法并不完全相同，要加以区分。

13.3.3　数码管的外形识别

数码管的外形结构如图 13-15 所示。

图 13-15　数码管的外形结构

13.3.4　数码管的内部连接方式

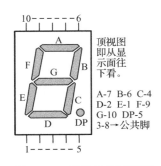

图 13-16　数码管的顶视图

数码管的 7 个笔段电极分别为 A～G（有些资料中为小写字母），DP 小数点。这 8 段发光管分别称为 a、b、c、d、e、f、g 和 dp，通过 8 个发光段的不同组合，可以显示 0～9（十进制）和 0～15（十六进制）等 16 个数字字母，从而实现整数和小数的显示。数码管的顶视图如图 13-16 所示。

数码管内部发光二极管有共阴和共阳两种连接方式，如图 13-17 所示。

共阳数码管是指将所有发光二极管的阳极接到一起，形成公共阳极的数码管，如图 13-17（a）所示。共阳数码管在应用时应将公共极（COM）接到+5V，当某一字段发光二极管的阴极为低电平时，相应字段就点亮。例如：当段 a、b、g、c、d 接低电平，而其他段输入高电平时，则显示数字"3"。当某一字段的阴极为高电平时，相应字段就不亮。

共阴数码管是指将所有发光二极管的阴极接到一起形成公共阴极的数码管，如图 13-17

（b）所示。共阴数码管在应用时应将公共极（COM）接到地线 GND 上，当某一字段发光二极管的阳极为高电平时，该字段就点亮。当某一字段的阳极为低电平时，该字段就不亮。

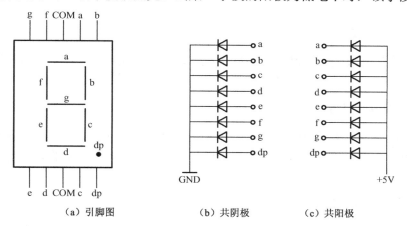

(a) 引脚图　　　　　(b) 共阴极　　　　　(c) 共阳极

图 13-17　共阴、共阳两种连接方式

例如，当段 a、b、g、c、d 输入高电平，而其他段输入低电平时，则显示数字"3"。常用四位数码管的引脚排列如图 13-18 所示。

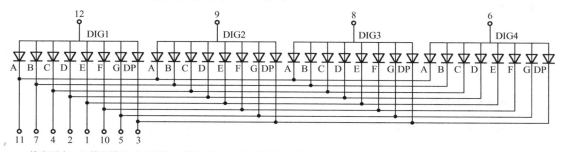

管脚顺序：从数码管的正面观看，以第一脚为起点，管脚的顺序是逆时针方向排列。
12-9-8-6→公共脚　A-11；B-7；C-4；D-2；E-1；F-10；G-5；DP-3

图 13-18　常用四位数码管的引脚排列

常用两位数码管的引脚排列如图 13-19 所示。

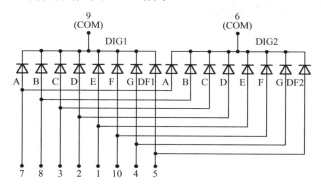

图 13-19　常用两位数码管的引脚排列

13.4　LED 的主要参数

1. 最大允许功耗 P_M

当结温上升达其最大允许值时，LED 的耗散功率就不允许再增加了，这时的功率就是最大允许功耗。

2. 极限工作电流 I_{FM}

极限工作电流是由极限功耗而引起的参数。当 LED 处于正偏置时，其正向电压的变化很小，引起耗散功率增加的原因是正向电流的增加。因此，对耗散功率的限制就可以转化为对正向电流的限制。

3. 最高允许反向电压 U_S

LED 也和其他二极管一样，在反向偏置时，当反向电流加大到一定程度就会击穿 LED。LED 的反向击穿电压相当低，一般只有 4～5V，而且 LED 一旦被击穿，就会造成永久性的损坏，因此不要对 LED 进行反向击穿实验。

4. 最大允许正向脉冲电流 I_{FP}

LED 在一定频率、一定占空比的正向电流驱动下，所能承受的最大正向脉冲电流就是最大允许正向脉冲电流。一般在占空比在 1～1/4 内，最大允许正向脉冲电流（直流）是极限工作电流的 1～4 倍。

5. 最高允许结温 T_{JM}

最高允许结温是 LED 允许的最高 PN 结温度，超过这一温度将损坏 LED。

6. 允许的工作环境温度范围 T_A

一般 T_A 为-20℃～+75℃至-40℃～+100℃。

13.5　数码管的主要参数

1. 8 字高度

8 字上沿与下沿的距离。比外型高度小，通常用英寸来表示。范围一般为 0.25～20 英寸。

2. 长×宽×高

长——数码管正放时，水平方向的长度；宽——数码管正放时，垂直方向上的长度；高——数码管的厚度。

3. 时钟点

四位数码管中，第二位数字"8"与第三位数字"8"中间的两个点。一般用于显示时钟中的秒。

4. 数码管使用的电流与电压

电流：在静态时，推荐使用 10～15mA；在动态扫描时，平均电流为 4～5mA，峰值电流 50～60mA。

电压：查引脚排布图，看一下每段的芯片数量是多少。当红色时，使用 1.9V 乘每段的芯片串联的个数；当绿色时，使用 2.1V 乘每段的芯片串联的个数。

13.6 现场操作 26——数码管的检测

1. 指针式万用表检测 LED 数码管

找公共共阴和公共共阳：首先，准备 1 个电源（3～5V）和 1 个 1k～几百 k 的电阻，V_{CC} 串接一个电阻后和 GND 接在任意 2 个引脚上，组合形式有很多，但总有一个 LED 会发光，只要找到一个即可，然后 GND 不动，V_{CC}（串电阻）逐个碰剩下的脚，如果有多个 LED（一般是 8 个），则其为共阴。相反，V_{CC} 不动，用 GND 逐个碰剩下的脚，如果有多个 LED（一般是 8 个），则是共阳。找公共共阴和公共共阳示意图如图 13-20 所示。

数码管的测试同测试普通二极管一样。注意，指针式万用表应放在 R×10kΩ 挡，因为 R×1kΩ 挡无法测出数码管的正反向电阻值。对于共阴极的数码管，红表笔接数码管的"-"，黑表笔分别接其他各脚。测共阳极的数码管时，黑表笔接数码管的 V_{DD}，红表笔接其他各脚。数码管的测试如图 13-21 所示。

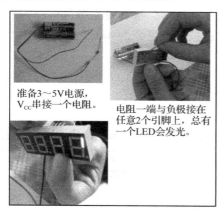

图 13-20 找公共共阴和公共共阳示意图

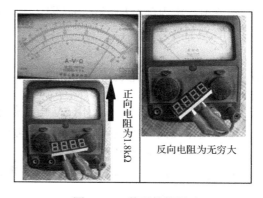

图 13-21 数码管的测试

对于不明型号和不知引脚排列的数码管，用第一种方法找到共用点，用第二种方法测试出各笔段 a～g、Dp、H 等。

2. 数字式万用表检测 LED 数码管

将数字万用表置于二极管挡时，其开路电压为+2.8V。用此挡测量 LED 数码管各引脚之间是否导通，可以识别该数码管是共阴极型还是共阳极型，并可判别各引脚所对应的笔段有无损坏。用数字式万用表检测 LED 数码管如图 13-22 所示。

图 13-22　数字式万用表检测 LED 数码管

13.7　点阵的识别

矩阵管是指发光二极管阵列，又称点阵显示器。点阵 LED 数码管显示器根据其内部发光二极管的大小、数量、发光强度及发光颜色的不同，有多种规格，按其发光颜色可分为单色型和彩色型；按内部结构可分为共阴（行）和共阳（行）；按阵列可分为 4×6、5×7、8×8 个灯等组成的显示器。

13.7.1　点阵的外形结构及特点

点阵都是单管芯，一般都用 5V 电源供电。8×8 点阵为 16 根引脚（单色，也有 24 根引脚的，可能是作废的双色点阵或为了能在同一种线路板上实现单色、双色都可用而设计的，这种也比较常见），8 根行引脚 8 根列引脚。双色为 24 根引脚，8 根行引脚，8 根列红引脚，8 根列绿引脚。点阵的外形结构如图 13-23 所示。

 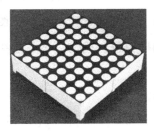 

图 13-23　点阵的外形结构

点阵的内部连接方式如图 13-24 所示。

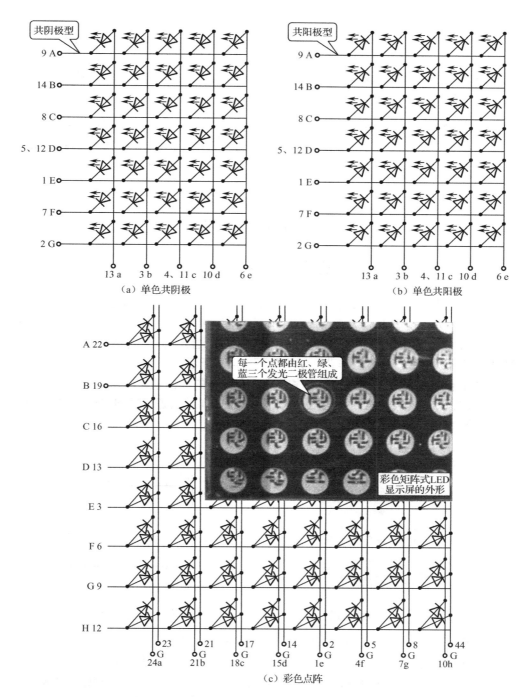

图 13-24 点阵的内部连接方式

13.7.2 点阵的命名方法

点阵目前没有统一的命名方法，型号为 JM—S 056 1 2 A EG 的点阵命名示例如图 13-25 所示。

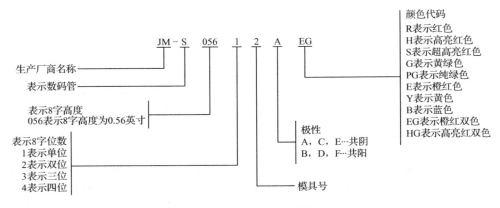

图 13-25　点阵命名示例

13.7.3　现场操作 27——点阵的检测

点阵实质上就是由许多的发光二极管组合而成的，电路中若使用点阵，在电路原理图上只标出点阵行、列的引脚对应关系，而每个点阵后面的引脚排列次序不同，不同厂商在设计时是根据 PCB 板布线来定义引脚排列次序。由于各厂商自定义点阵引脚排列次序，使用前首先须测试引脚排列次序。8×8 点阵背面引脚如图 13-26 所示。

一般情况下，在测试点阵的引脚次序时，将有标号的一面朝下，从上向下依次是第一行至第八行，从左向右依次是第一列至第八列。各引脚分别对应哪行哪列通过万用表测试即知，引脚排列如图 13-27 所示。

图 13-26　8×8 点阵背面引脚

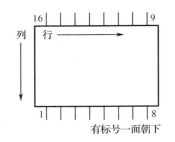

图 13-27　点阵的引脚排列图

将指针万用表置于电阻挡 R×10kΩ挡，先用黑表笔（接表内电源正极）随意选择一个引脚，红表笔分别接触余下的引脚，看点阵中是否有点发光，若没发光就用黑表笔再选择一个引脚，红表笔分别接触余下的引脚，当点阵发光时黑表笔接触的那个引脚即为正极，红表笔接触就发光的 8 个引脚为负极，剩下的 7 个引脚为正极。8×8 点阵等效电路如图 13-28 所示。

当测出引脚的正、负极后，须把点阵的引脚正、负分布情况记下来，正极（行）用数字表示，负极（列）用字母表示，先定负极引脚编号，黑表笔选定一个正极引脚，红表笔接负极引脚，看是第几列的点亮，若是第一列就在引脚写 A，若是第二列就在引脚写 B，若是第三列……依此类推。这样就把点阵的一半引脚都编号了。剩下的正极引脚用同样的方法，红表笔选定一个负极引脚，黑表笔接正极引脚，看是第几行的点亮，若是第一行的亮就在引脚标 1，若是第二行就在引脚标 2，若是第三行……以此类推。

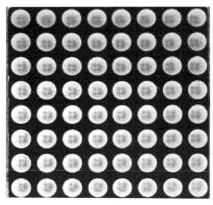

图 13-28 8×8 点阵等效电路

13.8 LED 总结

现将 LED 的相关知识总结如表 13-3 所示，以便于掌握和记忆。

表 13-3 LED 的总结

序 号	
1	LED 显示屏是一种通过控制发光二极管的显示方式，用来显示文字、图形、图像、动画、行情、视频、录像信号等各种信息的显示屏幕
2	LED 显示器件一般常用的有两类，即数码管和点阵
3	常见的 LED 驱动电路有直接驱动式、一级放大驱动式、简单阻容降压驱动电路和驱动电路的拓扑结构等

（续表）

序号	
4	常见LED应用电路有电源指示灯、标牌装饰灯、电平指示器电路
5	八段LED显示块的八段发光管分别称为a、b、c、d、e、f、g和dp。通过8个发光段的不同组合，可以显示0～9和A～F等16个数字字母，从而实现整数和小数的显示
6	LED显示块可以分为共阴极和共阳极两种结构。如果所有的发光二极管的阴极接在一块，称为共阴极结构，则数码显示段输入高电平有效，当某段接通高电平时该段便发光。 如果所有的发光二极管的阳极接在一块，称为共阳极结构，则数码显示段输入低电平有效，当某段接通低电平时该段便发光
7	通常将控制发光二极管发光的8位字节数据编码（数字电路）称为LED显示的段选码，单片机输出的是段选码
8	平面发光器件主要有发光段、数码管、符号管、米字管、矩阵管、光柱等
9	数码管的7个笔段电极分别为A～G（有些资料中为小写字母），DP小数点。这八段发光管分别称为a、b、c、d、e、f、g和dp，通过8个发光段的不同组合，可以显示0～9（十进制）和0～15（十六进制）等16个数字字母，从而实现整数和小数的显示
10	矩阵管是指发光二极管阵列，又称点阵显示器。按其发光颜色可为单色型和彩色型；按内部结构可分为共阴（行）和共阳（行）；按阵列可分为4×6、5×7、8×8个灯等组成的显示器

参考文献

1. 王学屯. 常用小家电原理与维修技巧[M]. 北京：电子工业出版社，2009.
2. 王学屯. 图解小家电维修[M]. 北京：电子工业出版社，2014.
3. 王学屯. 跟我学修电磁炉[M]. 北京：人民邮电出版社，2008.
4. 王学屯. 跟我学修彩色电视机[M]. 北京：人民邮电出版社，2009.
5. 王学屯. 图解元器件识别、检测与应用[M]. 北京：电子工业出版社，2013.
6. 本书编写组编. 新常用 IGBT 速查手册[M]. 北京：机械工业出版社，2011.
7. 赵春云，等. 常用电子元器件及应用电路手册[M]. 北京：电子工业出版社，2007.
8. 龚华生，等. 元器件自学通[M]. 北京：电子工业出版社，2008.
9. 赵广林. 电子元器件识别/检测/选用一本通[M]. 北京：电子工业出版社，2007.
10. 胡斌，等. 电子元器件知识与典型应用[M]. 北京：电子工业出版社，2013.